「北朝鮮の脅威」と集団的自衛権

梅田正己
Umeda Masaki

高文研

はじめに
――日本の「安全保障環境」は本当に悪化しているのか？

集団的自衛権について研究するという「有識者懇談会」の第一回会合が、二〇〇七年5月18日、首相官邸で開かれた。その冒頭、安倍首相が述べた趣旨説明の中にこんな言葉があった（朝日、07・5・18夕刊、傍線は筆者、以下同じ）。

《北朝鮮の核開発や弾道ミサイルの問題、国際的なテロの問題などにより、我が国を取り巻く安全保障環境は格段に厳しさを増している。首相としてこのような事態に対処できるよう、より実効的な安全保障体制を構築する責任を負っている。》

わが国の安全保障環境が格段に厳しさを増しているというのは、つまり日本が外部から軍事侵攻や破壊工作を受ける危険性が、いま格段に深まっているというのだ。

同様に、この国の「安全保障環境の悪化」を指摘した一節が、この安倍首相のあいさつより二週間前の5月3日、憲法施行六〇年の日の読売新聞社説の中にもあった。

《北朝鮮の核兵器開発や中国の軍事大国化による日本の安全保障環境の悪化や、イラク情勢など国際社会の不安定化に対し、現在の9条のままでは、万全の対応ができない。日本の国益にそぐわないことは明らかだ。》

ここではたんに「安全保障環境の悪化」としか書かれていないが、四カ月前の年頭、1月4日の読売社説はこう書き出されていた。

《北朝鮮の「核」の深刻な脅威の下で、日本の安全保障環境は今、戦後最悪の状況にある。中国の軍事大国化も加わり、安保環境はさらに悪化するだろう。》

二〇〇七年のいま、日本の安全保障環境は「戦後最悪」の状況にあるというのだ。第二次世界大戦（日本ではアジア太平洋戦争）が終結したのは一九四五年、それから六〇年以上がたつ。この間、長期にわたって冷戦がつづき、その冷戦期には朝鮮戦争があり、ベトナム戦争もあったが、そのいずれにもまして現在が「最悪」の危機的状況にある、とこの読売社説は言うのである。

この国の安全保障環境の現状について、一国の総理大臣が「格段に厳しさを増している」と言明し、また最大の発行部数をもつ新聞の社説が「戦後最悪の状況にある」と言い切る。そしてこの危機的状況をもたらしている第一の要因は、どちらも「北朝鮮の核開発による脅威」だと言っている。

本当にそうなのだろうか。

たしかに前年（〇六年）7月、北朝鮮が連続してミサイルを発射したときは国連の安全保障理事会は北朝鮮非難決議を採択したし、また10月に核実験を行ったときは安保理は北朝鮮制裁を決議した。そして国内では、テレビ局がこぞって手持ちのわずかな映像を何十回もくりかえし流して危機感をあおった。

しかしその後、六カ国協議に参加している各国、とくに中国と米国はこの危機状況を解きほぐすために、けんめいに取り組んできた。その結果、このすぐ後のⅠ章で述べるように、今年1月にベルリンで行われた米国と北朝鮮両国の首席代表による会談を契機に、事態は一転して解決へと向かったのである。

この1月のベルリン会談を受けて、2月、北京で再開された六カ国協議はこれまでとは打って変わってスムーズに進展し、同月13日、合意文書「初期段階の措置」を採択した。この合意文書を読めば、これがこの半世紀にわたり朝鮮半島に重苦しくのしかかっていた歴史的な〝宿題〟を解決へ導く文書であることが、だれにもわかるはずだ。

今年（〇七年）5月の段階で〝朝鮮半島の危機〟は明らかに解消へ向かっている。それなのに、一国の総理大臣や、この国最大の新聞が、いまだに「北朝鮮の脅威」を言い立てるのはなぜか。

安倍首相の場合は、先の短い引用からもわかるように、日米間の「より実効的な安全保障体制を構築する」ために集団的自衛権が行使できるようにしたいという願望がある。そしてその先に憲法9条の改変がある。

一方、読売新聞の場合も、先に引用の中で自ら述べていたように9条を変えたいという宿望がある。

つまり、集団的自衛権の行使は、現在は歴代政府の統一見解によって否定され、法律によって禁止されているが、日米関係をいっそう緊密にしていくためにはそれを行使できるようにすることがどうしても必要なのだと国民に認めさせ、ひいては自衛隊の国外での軍事行動にとって最大の障害である憲法9条2項を削除抹消するために、「北朝鮮の脅威」が必要なのだ。

「北朝鮮の脅威」は、日米軍事同盟を強化し、自衛隊の海外での軍事力行使への道を開き、最終的には憲法9条の改変を実現したいという政治目的のためにつくりだされたフィクション、つまり政治的フィクションにほかならない。

しかし、先の読売新聞はじめマスメディアがこぞって「北朝鮮の脅威」を言い立てるため、人々の多くはその虚構に気がついていない。

本書は、報道された事実にもとづき、事態の推移を冷静に読み取ることにより、広く行き渡っている「北朝鮮の脅威」の虚構を検証するとともに、今またその虚構を利用して企図されている重大な法体系の改変に対し注意を喚起することをめざして書かれた。

目次

Ⅲ　米朝ベルリン会談から北京六カ国「合意文書」へ

装丁　商業デザインセンター・松田礼一

I

北朝鮮はなぜミサイルを発射し、核実験を強行したのか

※北朝鮮のミサイル発射と核実験の衝撃

○六年7月5日、北朝鮮は日本海へ向け連続してミサイルを発射した。中距離弾道ミサイル「ノドン」と短距離弾道ミサイル「スカッド」あわせて六発と、長距離弾道ミサイル「テポドン2」一発である。ただしこの「テポドン2」は発射から四〇秒で消息をたち、失敗したと判断された。

ミサイルの落下地点は、左ページの図のように北朝鮮からロシア沿海州にかけての沖合いで、日本からは遠く離れていたが、日本ではまるで日本に向けてミサイルが発射されたかのような大騒ぎになった。

日本政府はただちに万景峰号《マンギョンボン》の入港禁止などの制裁措置をとるとともに、安保理のメンバー国に対していち早く「北朝鮮制裁決議案」を示し、一致して制裁行動をとるよう求めた（この日本の決議案には、経済制裁から武力制裁にいたる強制行動の根拠となる国連憲章7章が含まれていたが、中国、ロシアが反対し、米国が仲介して問題の7章をはずした「非難決議」として採択された）。

このあと8月17日、米国のＡＢＣテレビが、米国防総省高官の話として、北朝鮮北部にある核実験施設と見られるところで、車両から大量のケーブルを下ろすなど不審な動きがあったことを報じた。ケーブルは、地下の実験場とモニター装置を結ぶためのものではないかというのだ。それに対しロイター通信は、実験準備を裏付ける新たな証拠はない、という別の米政府高官の話を伝えた。

しかし10月3日、このABCテレビの報道が事実だったことがわかる。北朝鮮外務省が、近く核実験を行うという声明を発表したのだ。

そして10月9日、ついに北朝鮮は地下核実験を行ったことを発表した。

核爆発はきわめて小規模だったため、通常火薬による偽装説も出たが、10月16日、米国政府は大気中で採取したサンプルの分析結果により、まちがいなく核反応をともなう爆発が引き起こされたことを公式に認めた。プルトニウムを使った核爆弾による「未熟核爆発」という結論であった。

一方、10月15日、安保理は北朝鮮制裁決議を全会一致

で採択した。前回とちがい、今回は国連憲章7章にもとづく決議である。これにより、国連の全加盟国に対して、北朝鮮への経済制裁に加わることが求められた。

こうして北朝鮮は、平和の破壊者として全世界から指弾される羽目に立たされることになったが、国連の表舞台での動きと並行して、裏側では中国と米国を中心にロシア、韓国も含めて、北朝鮮との間でぎりぎりの折衝がつづけられたのだった。

※機敏かつ的確に対応した関係国の首脳たち

10月9日の後の各国の動きは敏速でかつ重なり合っていて全体がとらえにくい。ここでは、いくつかの新聞報道を通じて私が知りえた各国の動きを、時系列にしたがって見てゆくことにする。

まず最初に行動を起こしたのはブッシュ米大統領だ。北朝鮮が核実験を発表した9日、ブッシュ大統領は韓国の盧武鉉《ノムヒョン》大統領に電話を入れ、「抑制した態度で落ち着いて対応する」と伝えた。また同日の中国・胡錦涛《フーチンタオ》国家主席との電話会談でも、「われわれは外交チャンネルを通じて解決できると考えており、今後も中国と緊密に話し合ってやっていきたい」と言明したという。すぐにいきり立って制裁行動に出るのでなく、外交交渉で事態に対処したいと、米国大統領がまっさきに態度表明をしたのだ。

それから三日後の10月12日、中国の唐家璇《タンチアシュワン》国務委員が胡錦涛国家主席の特使として訪米する。唐家璇氏は前外相、現在の役職である国務委員は副首相の地位に相当する。その副首相クラスの唐氏が、国家主席の特使として訪米、ブッシュ大統領やライス国務長官と会談したのだ。唐特使には、六カ国協議の中国代表で、かつ議長でもある武大偉《ウーターウエイ》外務次官ほかが随行した。

新華社電によると、大統領との会談で唐特使は「事態のいっそうの悪化、さらには制御不能となるのを防がなくてはならない。各国は冷静に対処し、問題の平和的解決に努めるべきだ」という胡主席のメッセージを伝え、大統領もまた「同感だ。米国も外交によって平和的解決の道をさぐる」と言明したという。三日前に電話で述べたことを再確認したわけだ。併せて、一週間後に唐特使が平壌《ピョンヤン》へ行き、金総書記に直接会って折衝することについても、大統領は積極的同意を示したにちがいない。

なおこの12日には、中国東北の瀋陽で、金正日《キムジョンイル》総書記の側近である姜錫柱《カンソクチュ》・第一外務次官と、中国の李肇星《リーチャオシン》外相が極秘に会談している。そこで北朝鮮の姜次官は、六カ国協議復帰に向けて米国との仲介を中国に依頼したという。

翌13日、韓国の盧武鉉大統領は北京へ行き、胡錦涛国家主席と会う。会談した中韓首脳は、「対話を通じ、平和的に解決し、朝鮮半島の安定的非核化をめざす」との認識で一致した。

同じ13日、タス通信によると、ロシアのアレクセーエフ外務次官は平壌に飛び、北朝鮮の六カ国協議首席代表の金桂冠《キムゲグアン》外務次官と会談、ロシア側が核実験に対して「きわめて否定的な反応」を示したのに対し、北朝鮮側は「交渉を通じて問題を解決する意向」を表明したという。

翌14日、中国の唐特使は大西洋をまたいでロシアへ飛び、プーチン大統領と会談する。その内容についての報道は見当たらなかったが、前日のアレクセーエフ外務次官の報告もあわせ聞いて、ブッシュ大統領との間で確認した「外交による解決」の方針をここでも確認したはずだ。

なお、首脳たちのこうしたすばやい動きは今回がはじめてではなかった。『しんぶん赤旗』（7・8）のワシントン発電によると、7月のミサイル発射の直後も、ブッシュ大統領は中国の胡錦涛主席とロシアのプーチン大統領に電話を入れ、「外交による解決」を確認しあった。プーチン大統領も英ＢＢＣなどとのインターネット会見で「理性的な判断が

10月19日、中国の胡錦涛国家主席の特使として平壌を訪ねた唐家璇国務委員（前列左から３人目）と並んで記念撮影する金正日総書記。前列左端は六カ国協議の武大偉・中国首席代表、同右端は金桂冠・北朝鮮首席代表（写真は朝鮮通信提供）

重要であり、感情的になってはいけない」と述べたという。政府とマスメディア一体となって制裁へ突っ走ったのは、日本だけだったのである。

※危機回避から六カ国協議の再開へ

さて、見方によっては北朝鮮の自爆行為ともとられかねない核実験の後、関係各国の根まわしを終えた中国は、10月19日、唐《タン》家璇《チアシユワン》国務委員をやはり胡錦涛《フーチンタオ》国家主席の特使として北朝鮮に送り込む。唐氏には中国外務省の戴秉国《タイピンクオ》・筆頭次官と武大偉《ウーターウエイ》・外務次官が同行した。

平壌で唐特使は、金正日《キムジヨンイル》総書記と会談する。この会談について中国外務省の報道局長は「突っ込んだ意見交換をした。非常に重要な訪問だった」とだけしか語らなかったが、発表された写真――中央に金総書記と唐特使、左端に六カ国協議の中国代表・武大偉外務次官、右端に北朝鮮代表の金桂冠《キムゲグァン》外務次官らが写っている記念写真を見ると、会談は双方が満足できる方向で順調にすすめられたことが推察できる。

数日後、平壌の中朝会談での金総書記の発言が日中韓の外交関係者の話から明らかになった。それによると、金総書記はこう語ったという。

「(将来の核放棄については)朝鮮半島の非核化は故金日成《キムイルソン》主席の遺訓であり、私のめざすところだ。われわれは米国との平和共存を望んでいる。朝米両国の平和共存が実現すれば、われわれに核兵器は必要なくなる」

一方、この間、米国のライス国務長官は、18日は東京、19日はソウル、20日は北京、21日はモスクワに飛んで各国との意見調整をはかった。

以上みたように危機回避に向けての関係各国の精力的な動きがあり、事態は平和的解決へと向かう。そして10月31日、中国、米国、北朝鮮それぞれの六カ国協議首席代表の会談をへて、前年11月以来休会となっていた六カ国協議再開の合意に達したことが発表された。

この合意までの経過と合意内容について、10月31日、クリストファー・ヒル米国務次官補は北京の米大使館での記者会見で次のように語った。

「私は昨日（30日）北京に到着し、今日（31日）まず中国の武大偉氏と二国間で話し合い、三カ国で昼食をとった。その後、北朝鮮の金桂冠氏と二国間で会合を持ち、さらに三国で協議した」

「北朝鮮はわが国の金融措置に特に憂慮しており、われわれは六カ国協議の枠内で、作業部会のような形で取り組むことで合意した」

「北朝鮮を含む三カ国は、昨年9月の共同声明と朝鮮半島非核化への誓約を再確認した」

「(米国は）北朝鮮とは二国間の話し合いをしたのであり、交渉ではない。交渉は六カ国協議の枠内で行われるべきだ」

こうして、世界を震撼させた、とくに日本に対しては今にも核ミサイルが飛んでくるかもしれないような大騒動をもたらした「北朝鮮の核危機」も、関係各国の冷静かつ賢明な対処によって回避され、さらに抜本的な解決へと向かって再び歩みだしたのである。

なお、以上に紹介したような、危機に直面してからの首脳が先頭に立っての関係各国の動きは、その行動の機敏さと合意形成への熱意において歴史的にも特記される出来事だったと私には思えるが、この国のマスメディアではその重要さに注意をはらった報道はほとんどなかった。ここでの私の紹介も、多くが『しんぶん赤旗』によっている。

その一例になるが、ちょうどこの頃、朝日新聞社を代表する国際政治記者で、〇七年夏には主筆となった船橋洋一氏の労作『ザ・ペニンシュラ・クエスチョン——朝鮮半島第二次核危機』が出版された（奥付は10月30日）。日、米、ロ、韓、中の要人多数を含む関係者へのインタビューをふんだんに使ってまとめ上げた七百ページをこえる文字どおりの大著である。そこでこの大作刊行の紹介もかねて朝日新聞社の週刊誌『AERA』は11月6日号で船橋氏へのインタビューによる記事を組んだ。表題は「船橋洋一が読み解く『朝鮮半島の核危機』——米朝チキンゲーム続く」。その後半で、編集部の「チキンゲームは続くということですね」という問いに対して、船橋氏はこう答えている。

「緊張は相当なところまで高まるのではないだろうか。北朝鮮は核を放棄しない。米国も北朝鮮との直接協議には応じない。米国が金融制裁に区切りをつけ、北朝鮮が6者協議に戻ることはあると思う。しかし核保有国を自称する北朝鮮と、核廃棄実現のプロセスでうまく合意できるかどうか。かなり悲観的ですね」

しかしすでに見たように、各国首脳の俊敏な動きによって、事態はこのとき早くも危機を脱しつつあったのである。

※置き去りにされた〝最も重要な問い〟

ここで、最初に発せられるべきだった問いで、かつ最も重要な問いに立ち戻りたい。

北朝鮮は7月にミサイルを発射し、10月に核実験を行った。日本ではたいへんな衝撃をもたらした。テレビのワイドショーは「北朝鮮の脅威」が独占する状態となった。10月14日（土曜）のTBS「ブロードキャスター」によれば、その週に北朝鮮の核実験を取り上げたワイドショーは総計一二時間五六分で、二位の「日ハムのパリーグ優勝」（一時間四六分）を七倍以上も上まわったという。

ワイドショーの中でも「北朝鮮」に最も熱中したのはテレビ朝日の「スーパーモーニング」で、番組の特集「北の暴走」シリーズは一〇回を数えた。その模様の一端を、自らもテレビ局報道部長の経歴をもつ河野慎二氏がこう伝えている。

《渡辺キャスターが「北は核のチキンレースをやっている。北がどこまで出たらアメリカは軍事制裁に踏み切るのか。レッドラインはいつか」と出演者にマイクを向ける。辺真一氏（コリアリポート編集長）は「船舶検査がレッドラインになる」。小川和久氏（軍事アナリスト）も、「北が反撃したとき、レッドラインになる。そのときは、北は韓国に限定的に攻撃するだろう」と応じる。》（「『北の核実験』報道でテレビ、前のめりに拍車」、『メディアは憲法をどう報じてきたのか』マスコミ九条の会、所収）

北朝鮮の核実験発表の当日、ブッシュ大統領は韓国と中国の首脳に電話を入れ、抑制した態度で外交チャンネルを通じて対処していきたいと確約し、以後も一貫して外交交渉で危機回避に当たろうとしたことは、先ほどその経過を見たとおりだ。しかしこの国のマスメディア、とくにテレビは、いつ戦争の火ぶたが切られるのか、といったことばかりを議論していた。

ここに引用させてもらった河野氏も、続いてこう書いていた。

《北朝鮮への軍事制裁は、国連などでも議論のレベルに至っていない。アメリカも否定している。にもかかわらず、テレビが一歩も二歩も「予想」を先取りして、前のめりになって映像をつくり、過激な言葉でコメントを交わす。現実の問題か、ヴァーチャル・リアリティ（仮想現実）の世界か、判然としなくなる。》

こうしてテレビはあたかも〝戦争前夜〟の騒ぎを呈し、さまざまな人が登場してさまざまな発言をしたが、そこではふしぎなことに、当然発せられるべき最も重要な問いが欠落していた。

——北朝鮮は、それを強行すれば必ず世界中から非難を浴びるのがわかっていながら、なんでミサイルを発射し、核実験に踏み切ったのか、という問いである。

実際、ミサイルを発射した後は国連安保理で非難決議が採択されたし、核実験を強行した後は制裁決議が採択された。この制裁決議では、「すべての国連加盟国は」というフレーズが繰り返されている。つまりこの決議によって、北朝鮮は全世界を敵に回す羽目になったのだ。そして核実験の一線を越えれば、こうなるにちがいないことはミサイル発射のときの安保理での議論の経過からハッキリ見えていた。

それなのに——北朝鮮は核実験に踏み切った。何が目的だったのだろうか？

※韓国も、小泉前首相も、求めていた米朝の直接対話

その〝正解〟と思える答えを、ミサイル発射後、私が新聞ではじめて見たのは、安倍官房長官（現首相）の発言を伝えた記事だった。ミサイル発射の翌6日、東京都内で講演した安倍氏は、北朝鮮の意図についてこう語ったという（朝日新聞、06・7・7）。

「米国との直接対話を求めているという考え方が常識的だ」

前年（〇五年）の9月、六カ国協議では「共同声明」を採択した。その中で米国は、朝鮮半島には核兵器は持ち込まないし、北朝鮮攻撃の意図もないことを確約はしたものの、同じ9月、北朝鮮に対して「金融制裁」を発動した。北朝鮮が国際金融取引の窓口に使っていたマカオの銀行、バンコ・デルタ・アジア（BDA）に対し、同銀行が北朝鮮の米ドル紙幣偽造やマネーロンダリング（資金洗浄）に関与していた疑いが強いとして、米国の銀行との取引を禁止してしまったのだ。つづいて各国の金融機関もBDAとの取引をやめてしまう。ドルによる決済を行うには、米国の金融機関を通すしかない。基軸通貨のドルを持つ米国の経済力はかくも大きかったのだ。こうしてBDAは世界中の金融機関から取引を拒絶されてしまった。ということは、北朝鮮にとって国際金融取引の窓口を封鎖されてしまったことにほかならない。

こうして米国は、北朝鮮を国際金融システムから締め出したまま、あとは知らんぷりでそっぽを向いている。今回のミサイル連続発射は、そのそっぽを向いた米国の顔を北朝鮮の方に向けさせるためのせっぱ詰まったサインだったという見方が「常識的だ」、と安倍氏は述べたのである。

しかし、これ以後はそうした見解をぴたりと封印し、安倍官房長官は北朝鮮制裁へと走り出して、四日後の10日の記者会見では相手のミサイル基地を先回りしてたたく「敵基地攻撃」の検討の必要まで持ち出す。「米国との直接対話を求めてのミサイル発射」が、数日で「日本をおびやかすミサイル発射」にすりかえられたのである。

北朝鮮が最も切実に求めているのが米国との直接対話、直接交渉であることは、政府の外交関係者、朝鮮問題の専門家にとっては自明のことだった。隣の韓国で盧武鉉《ノムヒョン》政権が成立したのは〇三年2月だが、金大中《キムデジュン》政権の方針を引き次いで北に対し包容（太陽）政策をとった盧政権が米国に対して一貫して要求していたのも、米朝直接対話だった。

北朝鮮の核実験実施後、韓国でも北朝鮮に対する圧力を強めるべきだという声が保守層を中心に高まり、その批判をそらすため「太陽政策の司令塔」といわれた李鍾奭《イジョンソク》統一相が辞任するが、その李氏が半年間の沈黙を破って〇七年5月、朝日新聞記者によるインタビューで語ったことが報じられた（朝日、07・5・17）。それによると、盧政権は米国に対し、次の三点を継続して要請していたという。

①　米朝直接対話の実現。

②　人権問題や不法行為よりも核問題を優先する。

③　北が核を放棄した場合、関係正常化や経済支援を確約する。

建国以来六〇年、北朝鮮と対峙しつづけてきた韓国には、米朝の直接対話なしに事態は打開できないということがよくわかっていたからだ。

韓国政府だけではない。日本の小泉前首相もブッシュ大統領に対して直接、北朝鮮との対話を推奨した。やはり朝日新聞の記事で、「首相、米朝協議促す」の大見出しの横に、「直接対話しないと進まぬ」とある。私の前著『変貌する自衛隊と日米同盟』でも紹介したが、興味深い記事なので再度引用する（朝日、06・7・19）。

《首相が米朝直接対話を呼びかけたのは、〇六年6月29日の首脳会談やその後の電話協議。複数の日本政府関係者によると、首相は会談で自身が2度訪朝したことに触れ、大統領に「北朝鮮は米国との対話を望んでいる。北朝鮮のような国は、首脳間で直接対話しないと物事が進まない」と指摘した。

さらに首相は「北朝鮮問題を解決できるのは中国より米国だ」との考えを示したうえで、「拉致問題解決のためにも核・ミサイル問題を前進させることが重要だ」と強調。米国が高いレベルで北朝鮮と直接協議に踏み切る必要があるとの認識を大統領に伝えた。》

このとき小泉前首相は国賓としてワシントンに招かれていたが、そのことよりも憧れの

新聞　　第3種郵便物認可

首相、米朝協議促す

「直接対話しないと進まぬ」

先月の日米首脳会談

「直接対話しないと進まない」――。小泉首相がブッシュ米大統領との会談で、北朝鮮の核・ミサイル問題解決に向け、高いレベルでの米朝直接対話を促していたことが18日わかった。日朝国交正常化を目指して2度訪朝し、なお「対話」にこだわる首相の賭けだったが、大統領は慎重姿勢を崩さなかった。その直後に北朝鮮がミサイルを発射。国内外で「圧力」路線の勢いが増すにつれ、首相の働きかけが実を結ぶ可能性は薄れている。

共同記者会見終了後、小泉首相に握手を求め歩み寄るブッシュ米大統領（右）＝6月29日、米・ワシントンで、荒井聡撮影

大統領慎重「術中にはまる」

首相が米朝直接対話を呼びかけたのは、6月29日の首脳会談やその後の電話協議。複数の日本政府関係者によると、首相は会談で自身が2度訪朝したことに触れ、大統領に「北朝鮮は米国との対話を望んでいる。北朝鮮のような国は、首脳間で直接対話しないと物事が進まない」と指摘した。

さらに首相は「北朝鮮問題を解決できるのは中国よりも米国だ」との考えを示したうえで、「拉致問題解決のためにも核・ミサイル問題を前進させることが重要だ」と強調。米国が高いレベルで北朝鮮と直接協議に踏み切る必要があるとの認識を大統領に伝えた。

これに対し、大統領は「私に正面から（米国の方針に）反対意見を言った首脳はあなただけだ」と述べた。そのうえで「検討する」などと応じたものの、首脳会談やその後の会話では「直接対話に応じれば、北朝鮮の術中にはまることになる」との懸念を伝え、慎重姿勢を崩さなかった。

その後、北朝鮮は5日にテポドン2を含む7発のミサイルを発射した。

持論強いこだわり

小泉首相は02年9月の日朝首脳会談直後にもブッシュ大統領に米朝直接対話の再開を勧めたことがある。金正日総書記とのやりとりを通じて、北朝鮮の核・ミサイル問題は首脳間の交渉以外では解決できない、との思いを深めたからだ。

首相は17日のロシア・サンクトペテルブルクでの記者会見でも「北朝鮮側がアメリカとの二国間対話を望んでいることはわかる。6者協議の場に出てくることで二国間対話ができる。水面下でもできる」と述べ、米朝対話を強く促した。

6者協議が休止した状態のなか、首相は「北朝鮮の問題は6者協議の段階ではなく、米朝が直接話し合わなければ解決しない」（政府関係者）と考えているようだ。首相には「対話」路線へのこだわりもある。

北朝鮮のミサイル発射後の6日、首相は「北朝鮮との対話は可能か」と問う記者団に「対話ないということは、武力行使ですか。ありえない」と気色ばんだ。首相は周囲にも「北朝鮮のような国家とは、信頼できるできないにかかわらず、トップと交渉しなくてはならない」と語っている。

2006年７月19日付の朝日新聞の記事

エルビス・プレスリーの家でのはしゃぎぶりの方が印象に残っている。ともあれ、そうした日米の蜜月関係に立っての助言である。ではこの〝友情ある説得〟に大統領はどう応えたか。再び引用に戻る。

《これに対し、大統領は「私に正面から（米国の方針に）反対意見を言った首脳はあなただけだ」と述べた。そのうえで「検討する」と応じたものの、首脳会談やその後の会話では「直接対話に応じれば、北朝鮮の術中にはまることになる」との懸念を伝え、慎重姿勢を崩さなかった。》

北朝鮮はなぜ、米国との直接対話を求めたのか？　平和の破壊者として世界中から指弾される危険をおかしてまで、米国との直接交渉を望んだのはなぜか？

それについては次章で述べるが、核実験後の関係各国の指導者たちの緊迫した動きをへて、とにかく結果として、10月31日の記者会見でヒル米国務次官補が語ったように、米国と北朝鮮、両国代表による差し向かいの「会談」が実現したのである。この「会談」について、ヒル氏は「二国間の話し合いであり、交渉ではない」と念を押したが、両国代表が向かいあって話し合った事実に変わりはなく、このあと年が明けて1月、両者はベルリンで、こんどはまぎれもなく「交渉」を重ね、以後、事態は一転して解決へと向かうのである。

Ⅱ

北朝鮮はなぜ米国との直接対話を求めたのか

※分断された国土と民族

北朝鮮が、なぜ米国との直接対話をこれほどまでに求めたのか、その理由を知るためには歴史をさかのぼらなくてはならない。

第二次世界大戦は一九四五年5月のドイツの降伏、つづいて8月の日本の降伏によって終わった。米軍機の空爆によって都市部があらかた焦土と化しながらもなお戦いをやめようとしない日本の政府・軍部をついに無条件降伏（ポツダム宣言受諾）に踏み切らせた直接の打撃は、8月6日、9日の広島、長崎への原爆投下と、同月8日のソ連の対日戦への参戦だった。

8月15日、昭和天皇がNHKラジオを通じて日本降伏を国民に告知したとき、米地上軍が沖縄まで迫ってきていたのに対し、ソ連軍はすでに当時日本の領土だった朝鮮の北部に進攻してきていた。米軍がソウルに入るのは9月9日になるが、ソ連軍は早くも8月24日には平壌《ピョンヤン》に入っている。

米、英、ソ連の首脳の協議によって合意され、米、英、中国の首脳の名で日本に突きつけられた（7月26日）ポツダム宣言では、連合軍による日本占領とともに、日本軍の武装解除がかかげられていた。

一九一〇年から四五年まで三五年にわたって日本が植民地として支配してきた朝鮮には、満州の「関東軍」と並ぶ「朝鮮軍」という軍団が置かれていた。その「朝鮮軍」の武装解除を実施するということでソ連軍と米軍は北と南から朝鮮に進駐し、北緯三八度線を境界線として分割占領した。

戦争中の一九四三年11月、米、英、中国の首脳がエジプトのカイロで対日戦の今後について協議した上で発表されたカイロ宣言には、「朝鮮の人民の奴隷状態に留意し、やがて朝鮮を自由独立のものにする」ことが明記されていた。

しかしこの約束は、米ソの対立を軸とする冷戦の進行によって反故《ほご》にされる。第二次大戦の終結から三年間、朝鮮ではさまざまの人物、団体、主張が入り乱れ、民族主義、民主主義、社会主義の各政治思想が流血をともなって対立・抗争する沸騰状態がつづくが、結局、三八度線の南にはアメリカを後ろ盾に李承晩《イスンマン》を大統領とする大韓民国が四八年8月15日に樹立され、それに対抗して9月9日にはソ連を後ろ盾に金日成《キムイルソン》の率いる朝鮮民主主義人民共和国が建国宣言を行った。

一つの国が中心から真二つに分断される。長い年月をかけ歴史的に形成された国、民族が人為的に分断されることの痛みは、かりに日本が、その中央部――愛知県から富山県を結ぶ線を境に東西二つに分断された場合を想像すれば、容易に理解できるだろう。

隣の朝鮮半島では、第二次大戦の終結からすでに六〇年を過ぎた現在も、この残酷な状態がつづいている。しかも、そのもともとの原因は日本にある。もしも日本が朝鮮を植民地として自国領土に組み込んでいなければ、朝鮮は独立国だったわけであり、かりに戦争中に日本が占領していたとしても、日本の降伏と同時に独立を回復していたはずだからだ。したがって、ソ連軍や米軍による占領もなければ、三八度線による分割もあり得なかった。

この後に述べることは、すべてこの分断状況が前提になっている。分断のもともとの原因をつくった国の国民として、以後の経過をまったくの他人事として高みから見下ろすことはできない。

※朝鮮全土を焼きつくした朝鮮戦争

一国の分断状況は、だれよりも分断国家の指導者にとって耐えがたいものにちがいない。韓国の李承晩大統領は政権をとると、「北進統一」を叫んで幾度となく三八度線を越えて挑発的な奇襲攻撃をかけた。一方の北朝鮮の金日成首相も、スターリンや毛沢東に対してしきりに「解放戦争」への同意を求めている。

一九五〇年6月25日早朝、北朝鮮軍が三八度線の南に向かって進撃を開始した。現在では北朝鮮側が先に攻め込んだことが明らかになっている。しかし双方の間には、それまですでに長期にわたって三八度線をめぐる小競り合いがつづいていた。したがって文京洙《ムンギョンス》氏が述べているように（『韓国現代史』岩波新書、74頁）、「それは突然の不意打ちというよりは、一年以上におよぶ〝低強度戦争〟の本格内戦への移行というべきものだった」ろう。

三八度線を越えた北朝鮮軍は、文字どおり破竹の勢いで南へ突き進んだ。北朝鮮の人民軍の中には、第二次大戦中から抗日ゲリラ戦を戦い、戦後も中国共産党軍と国民党軍の四年にわたる内戦において共産党軍に参加して実戦経験を積んできた数万の兵力が含まれている。北朝鮮軍は四日目にはソウルを占領、さらに韓国軍を釜山《プサン》方面へと追いつめていった。

一方、国連安全保障理事会では6月27日、米国の提案で、加盟国に対し韓国への軍事援助を勧告する決議を採択した。このとき、ソ連は反対しなかった。というのも、ソ連は、中国の内戦で共産党軍が勝利し、国民党軍を台湾へ追い込んだ上で前年10月に中華人民共和国の成立を宣言したのを受けて、国連（安保理常任理事国）の議席は当然、台湾の国民党政府にかわって北京政府が占めるべきだと主張して、それが受け入れられなかったため安保理をボイコットしていたからである。

こうして、ソ連の不在により安保理で韓国の李承晩政権への国連の軍事援助が承認され、韓国に出兵する各国の軍は「国連旗」を掲げるのを認められることとなった。

つづく29日、日本を占領していた連合国軍（実質は米軍）最高司令官マッカーサーは羽田から韓国へ飛び、戦況を視察する。事態の深刻さを見て取ったマッカーサーはワシントンに対し、北朝鮮軍を押し返すには米地上軍の投入が不可欠だと報告、ただちにその指揮下にある兵力を投入する許可を得た。マッカーサー司令官の指揮下にある兵力とは、日本に駐留する米軍四個師団にほかならない。

この日本駐留の米軍が朝鮮へ出動し、そのあと軍事的空白状態になった日本の治安維持と米軍基地の防護のため、マッカーサー指令によって急きょ「警察予備隊」が創設され、それが日本再軍備の幕開けとなったことはよく知られている通りである。

7月に入り、米地上軍が出撃するとともに米空軍も出動、たちまち北朝鮮の戦闘機を圧倒して制空権を手中にする。横田基地と嘉手納《かでな》基地からは日本空爆の主役だったB29爆撃機が飛び立ち、北朝鮮軍に爆弾の雨を降らせた。

9月15日、マッカーサーの指揮する「国連軍」は二六〇隻の艦船と七万五千人の兵力を投入して仁川《インチョン》上陸を敢行した。ただちにソウルに向かい、27日にはソウルを奪還する。朝鮮半島南端の釜山近くまで深く攻め込んでいた北朝鮮軍は、三八度線のラインで連絡と補給路を断たれると、袋のねずみとなる。やむなく総退却となった。

それを追って、こんどは米韓軍が北朝鮮の奥深く攻め込んでゆくことになる。10月28日には米韓軍は平壌《ピョンヤン》を占領、さらに北進して10月には中朝国境の鴨緑江《おうりょくこう》にせまる。

中国の内戦で米国は蒋介石《チアンチエシー》の率いる国民党軍を援助した。つまり、米中は敵対関係にある。米軍越境の脅威が高まった10月19日、中国人民義勇軍の総計一八個師団、二六万の大兵力が鴨緑江を越えて朝鮮に入った。

数の力で米韓軍を圧倒する中朝軍は、たちまち戦場を南へ押し返し、12月6日には平壌を奪い返す。さらに翌五一年1月4日には再度ソウルを占領して南進をめざした。これに対し、米韓軍も必死で体勢を立て直し、3月には再びソウルを奪還、以後は三八度線をはさんだ陣地戦がつづく。

その後5月、米国上院が停戦決議を採択、これをソ連共産党の機関紙『プラウダ』が報道し、翌6月、ソ連が中国、北朝鮮を説得して7月10日、停戦会談が始まった。

毎日新聞 The Mainichi (日刊) 昭和28年(1953年)7月27日 (月曜日)

朝鮮動乱 ここに終止符

きょう午前十時調印に決定

12時間後に戦闘停止

ク司令官発表 両軍首席代表が調印

調印後直ちに 両軍司令官が署名

"これ以上の遅延と人員の傷害を防止"

恒久平和の発端に ク司令官 京城で声明

①クラーク司令官 ②金日成最高司令官 ③彭徳懐中共軍司令

停戦協定の成立を報じた毎日新聞（1953年７月27日付）．記事の左端の顔写真は、協定に署名した双方の司令官．上から、クラーク国連軍（米軍）司令官、金日成朝鮮人民軍司令官、彭徳懐中国人民義勇軍総司令．

しかし順調にすすんだのはここまでだった。以後、捕虜の扱いの問題や「北進統一なき停戦、決死反対」を唱える李承晩大統領の頑強な抵抗などがあって、停戦交渉は延々と二年もつづき、五三年7月27日、やっと停戦協定が調印されたのだった。

しかもこの間、限定的ではあったが、ソ連、中国の空軍まで交えた戦闘がずっと続いたのである。

※朝鮮戦争は米国の戦争でもあった

停戦協定に署名したのは、北側は朝鮮人民軍最高司令官としての金日成と中国人民義勇軍の総司令としての彭徳懐《ポントーホアイ》、南側が国連軍司令官としてのマーク・クラークであった。李承晩は署名していない。理由は、開戦からまもない五〇年7月14日、ソウルから大邱《テグ》へ逃れ、そこを臨時首都としていた李承晩が、参謀総長の提案を受け、今後は韓国軍の指揮権を国連軍司令官、つまり米軍司令官にゆだねるという書簡をマッカーサー宛に送ったからである。

以後、韓国軍の作戦指揮権は朝鮮戦争の停戦後も、ソウルの都心・竜山《ヨンサン》に司令部を置く在韓米軍の司令官の手に預けられる。その後、作戦指揮権は作戦統制権と改称され、七八年に米韓連合軍司令部が創設されると、その連合軍司令官がにぎることになった。しかしその地位は在韓米軍の司令官が兼任したから、実質的に何の変わりもない。

独立国である一国、しかもヨーロッパ諸国に比べても歴史や文化の蓄積、人口や国土面積で少しも引けをとらない独立国の軍隊が、相互防衛条約を結んでいるとはいえ、その作戦統制権を外国の司令官にゆだねている。どう見ても、おかしい。そこで八〇年代後半に入ったころから返還を求める声が高まり、九四年、「平時」の統制権だけは韓国軍に移管された。しかし、いったん有事（戦時）となると、韓国軍は再び米軍司令官の指揮下に入るのだ。（その戦時作戦統制権も、ようやく二〇一二年には韓国に移管されることが、〇七年2月に決まった。）

三八度線の停戦ラインをはさんで直接対峙しているのは北朝鮮と韓国である。しかし再度戦争に突入すれば、米軍司令官は韓国軍をも指揮下に組み込んで、北朝鮮と戦うことになる。韓国軍の戦時作戦統制権を米軍司令官が掌握しつづけてきたということは、米国自身がそういう事態が起こり得ることを想定していたからにほかならない。

なぜ、そう想定するのか。一九五三年7月に調印したのが平和条約ではなく、停戦（休戦）協定に過ぎなかったからだ。

五一年6月、停戦交渉に入るべきかどうか、モスクワに相談に行った金日成に対し、スターリンは「停戦」をこう定義して交渉に入るよう説得したという。――「停戦とはかなり長い期間の軍事行動停止であるが、双方はいぜん交戦状態にあり、戦争はまだ終わってはおらず、いつでもまた戦えるので、これは和平の局面ではない」（通訳・師哲の回想記による。和田春樹『朝鮮戦争全史』岩波書店、307頁）。

停戦は戦争の終結ではなく、軍事行動の一時停止に過ぎず、双方は依然として交戦状態にあり、「いつでもまた戦える」ので、米国は数万の陸軍と空軍を韓国に駐留させるとともに、韓国軍の作戦統制権も手放さなかったのである。

朝鮮戦争の犠牲者は約三百万人、離散した家族は南北あわせて一千万人といわれるが、正確な数はまだ確定していない。再び和田氏の著書によると、戦争前後の人口変動から、北朝鮮は約二七二万人を死亡や難民化によって失い（その喪失の割合は戦前人口の二八％に当たる）、韓国は一三三万人を失ったと推定されている。

一方、中国人民義勇軍の死者は、公式発表では約一一万人となっているが、明らかに少なすぎ、米国の研究者の推定では一〇〇万人に及ぶとされている。

米軍の戦死者数は、公式発表では約三万四千人である（戦病死も加えると約五万四千人）。南北朝鮮や中国に比べればずっと少ないが、たとえばこれを現在米国が当面しているイラク戦争と比べたらどうか。イラク戦争では〇三年3月の開戦から三年半で米軍の死者が三千に達し、これがブッシュ政権の大きなダメージとなった。それに比べると、朝鮮戦争での死者は三年間でイラク戦争の一〇倍を超える。その戦死者数から見ても、米国にとって朝鮮戦争はベトナム戦争（戦死者五万六千人）に次ぐ大戦争であったといえる。

死者の問題は数だけに終わらない。半世紀以上を経たいまも、米国と北朝鮮の間では朝鮮戦争での米兵の遺骨の引き渡しが行われている。アジア太平洋戦争の末期、日本軍・政府は白木の箱に石ころを入れて遺族のもとに返したが、それに比べて米国は格段に戦死者の遺体・遺骨を鄭重にあつかう。朝鮮戦争中、遺体は北九州に運ばれ、そこで修復された後、星条旗に包まれて遺族のもとに返された。ベトナム戦争中は、沖縄のキャンプ・キンザー（牧港補給基地）が〝遺体修復工場〟となった。

朝鮮戦争では約八一〇〇人の米兵が行方不明になったという。そのため、戦後もずっと米朝合同で遺骨捜索がつづけられてきたが、〇五年に米朝関係の悪化によって中断された。しかし〇七年に入り、このあと述べるように一転して両国関係が改善されたため、この年4月、米国のリチャードソン・ニューメキシコ州知事らが北朝鮮に渡り、停戦ラインの板門店で、それぞれ黒塗りの箱に納められた米兵六人の遺骨を受け取ったという。

戦争は、こういう形でもまだ尾を引いている。朝鮮戦争において、米国は一方の主役だったし、現在も当事国であることに変わりはないのである。

※米朝は今も〝潜在的戦争状態〟にある

米国にとって朝鮮戦争が「終わってない」のと同様に、北朝鮮にとっても「交戦状態」は継続している。しかも、そこから生じる危機感は米国の比ではないはずである。

前章で述べたように、ミサイル発射以降、日本では「北朝鮮の脅威」がさかんに喧伝された。しかし、立場をかえて北朝鮮側から、とくに米国を見たら、どうだろうか。少しだけ想像力を働かせれば、景色は一変するのではないか。

韓国には、〇六年6月現在、米国の陸軍二万、空軍九千の兵力が駐留している。その在韓米軍は、一九七六年以来、韓国軍（総兵力約七〇万）とともに世界有数の規模とされる総合演習「チームスピリット」を行ってきた。沖縄の米海兵隊もこれに参加していた。九四年の米朝「枠組み合意」の成立でこの演習は中止されたが、再び敵対状態に入るとともに、空軍基地防衛のための演習「フォール・イーグル」の規模を拡大、韓国軍との総合演習を重ねている。

では、この米韓総合演習で設定された「敵国」はどこか。答えは言うまでもない。

また米国は、クリントン政権時代から、北朝鮮を「テロ支援国家」に指定した上、「ならず者国家」のレッテルを張りつけてきた。さらにブッシュ政権になると、〇二年の大統領一般教書で、イラク、イランと並んで北朝鮮は、打倒すべき「悪の枢軸」として名指しされた。

そして事実、サダム・フセインのイラクは、米国軍の圧倒的な破壊力によってたたきのめされ、消滅した。

米軍の一方的な攻撃によってイラクが壊滅させられてゆくのを、北朝鮮はどんな思いで見ただろうか。およその見当はつくはずである。

※米国との直接対話を求めた最後の賭け

このように、北朝鮮にとっての「米国の脅威」は、きわめて現実的な恐怖をともなった脅威である。この脅威がのしかかっている限り、金正日総書記は枕を高くして寝ることはできない。

では、この恐怖から逃れるにはどうしたらよいのか。

停戦協定を平和条約に変える以外にない。「軍事行動の停止」にすぎない停戦協定でなく、「交戦状態」を終結させる平和（講和）条約を結ぶ以外にない。

そしてそのためには、北朝鮮は米国と直接対話、直接交渉をする必要がある。

停戦協定に調印したのは、前に述べたように、一方が北朝鮮と中国、他方が米国だった。このうち、中国と米国は、一九七二年のニクソン大統領の訪中によって国交正常化の道をつけ、一九七八年には国交正常化をはたして敵対関係を解消した。

残る敵対関係は、米朝だけである。その解消のためには、米国と北朝鮮が直接話し合う必要がある。なにしろ、停戦協定に署名したのは米朝両国の代表だからだ。

したがって北朝鮮は、米国に対し、直接対話を求めてきた。しかしその北朝鮮の要求を、ブッシュ政権はにべもなく拒否してきた。先に、小泉前首相の助言に対する大統領の返答に見たとおりだ。

潜在的な戦争状態にある限り、北朝鮮は安心できない。ところが、その状態を解消するために米国に直接対話を求めても、米国は知らん顔をしてそっぽを向いているだけだ。

この生殺《なま》し状態から脱するために、北朝鮮は自分たちのもつ最後の切り札とも言うべきカードを、二枚、立て続けに切った。それがミサイル発射であり、核実験だったのだ。

そしてこの北朝鮮による〝捨て身の賭け〟は、見事に成功したと言ってよい。ただしそれは、北朝鮮の作戦勝ちといえるようなものではない。ブッシュ政権がイラク政策の無残な失敗によって他の選択肢を失い、北朝鮮の要求に応じざるを得ない状況に追い込まれてしまったからだ。

それについては、次のⅢ章で見てゆくことにしよう。

Ⅲ

米朝ベルリン会談から北京六カ国「合意文書」へ

※「朝鮮戦争の終結」を言い出したブッシュ大統領

さて、話はふたたび〇六年の11月初めに戻る。

北京での中、米、朝の首席代表——武大偉《ウーターウエイ》外務次官、クリストファー・ヒル国務次官補、北朝鮮の金桂冠《キムゲグアン》外務次官による食事時間まで使っての集中的な話し合いによって、三者は六カ国協議の再開について合意に達した。他の三カ国も、もちろんこれに同意する。

この11月の18、19日には、ベトナムのハノイでアジア太平洋経済協力会議(ＡＰＥＣ《エイペック》)首脳会議の開催が予定されていた。そこにはブッシュ米大統領も出席する。ライス米国務長官は、この首脳会議の終了後すぐに六カ国協議を再開してはどうかとの意向を述べていた。

ＡＰＥＣの首脳会議では、全体会議とともに二国間の首脳会談も行われる。その19日の米中首脳会談で、ブッシュ大統領が胡錦涛《フーチンタオ》国家主席に対し、「北朝鮮が核を放棄すれば、朝鮮戦争の終結を公式に宣言することができる」と語ったことが報じられた(朝日、06・11・21)。「朝鮮戦争の終結を公式に宣言する」とは、つまり停戦協定を破棄して代わりに平和条約を結ぶということにほかならない。前章で述べたように、これこそ北朝鮮が最も切実に望んでいたことである。

実は同じことを、ブッシュ大統領は18日の盧武鉉《ノムヒョン》韓国大統領との首脳会談でも語っていた。同日、スノー米大統領報道官が記者会見で発表したところによると、ブッシュ大統領は盧大統領に対し、「北朝鮮が核の野望を断念すれば、米国は一連の措置をとる用意がある。それには朝鮮戦争の終結宣言や、経済協力、文化、教育といった分野の連携を進めることも含まれる」と述べ、それに対し盧大統領も「その話を聞いて満足した」と応えたという（しんぶん赤旗、06・11・21）。

わずか四カ月半前、〝盟友〟の小泉首相から北朝鮮との直接対話をすすめられたブッシュ大統領が「直接対話に応じれば、北朝鮮の術中にはまることになる」とにべもなく否定したことはⅠ章で紹介した。そのブッシュ大統領が、いまは平和条約の締結を自らすすんで外国の首脳に語っている。平和条約の締結には当然、両者による〝直接対話〟が幾度も必要になることは言うまでもない。

米朝二国間の直接対話の拒絶から承認へ、ブッシュ政権の方針は大きく転換したのである。では、一八〇度ともいえるこの大転換は、どうして生じたのだろうか。

※イラク戦争の失敗による国防長官の更迭

ハノイでのＡＰＥＣ《エイペック》首脳会議の一〇日ほど前になる。11月8日、ブッシュ大統領はホワイトハウスでの緊急記者会見でラムズフェルド国防長官の辞任を発表した。形式は辞任だが、事実上の更迭である。

ラムズフェルド氏は、〇一年のブッシュ共和党政権の発足当初から国防長官を務めてきた。チェイニー副大統領とともにネオコンを代表する人物で、自分への反論を許さない高圧的な手法で知られる。現在、地球的規模ですすめられている米軍の再編・変革（トランスフォーメーション）も、同氏が主導してきたものだ。

〇一年の9・11で始まったアフガンからイラクへとつづく戦争も、ラムズフェルド国防長官が主導してきた。タリバンの根拠地カンダハルを空爆で壊滅させ、タリバンを敗走させた後、イラクの大量破壊兵器疑惑をめぐって、イラク自身が国連による査察を受け入れ、国連の査察団の責任者ももう少し時間が与えられれば明確な結論が出せると言明していたにもかかわらず、もはや待てないと国連での議論を打ち切って、〇三年3月、イラク攻撃に突入していったブッシュ政権の軍事政策も、ラムズフェルド氏が先頭に立って推進してきたものだ。

徹底した空爆によってイラク軍の戦闘能力を破壊し、クウェート側から地上軍を投入して北上、短時日でバグダッドを占領したところまでは、予定した作戦どおりだった。しかしその後の展開は、ネオコン流の単純な善悪二元論ではとらえきれないものとなった。破壊と殺戮が日常化し、憎悪が憎悪を呼んで、イラクは絶望的な混乱の中に封じ込められることになる。

米国が始めたイラク戦争によって最も甚大な被害をこうむったのは、もちろんイラクの人々であり、七千年の文明史が刻まれたイラクの国土である。だが同時に、米国自身も深いダメージを受けた。米兵の死者は右肩上がりで増えつづけ、この国防長官更迭の時点では三千に達しようとしていた。

長引く戦争による財政負担も、耐えがたいほど重くなっていた。〇七年2月にブッシュ政権は〇八会計年度の予算教書を議会に提出するが、そこで計上されたイラク関連の戦費は一四〇〇億ドル、それに同じくイラク関連で〇七年度の補正予算として一〇〇〇億ドルが要求された。これらを加えると、アフガンからイラクへとつづいた「対テロ戦争」の総経費は七九七八億ドルとなり、朝鮮戦争（四二六〇億ドル）を超え、さらにベトナム戦争

（六〇九〇億ドル）をも超えた。しかも、この泥沼化した戦争に、いつ、どのようにして終止符を打つか、その見通しもない。

したがってこうした事態を招いた中心人物、ラムズフェルド国防長官が更迭されたのは当然だった。その後、やはりネオコンの大物だったボルトン国連大使も辞任してゆく。

※中間選挙での共和党の敗北と残された選択

しかし、責任はラムズフェルド氏一人だけにあるのではない。それはブッシュ共和党政権全体が負わなくてはならないし、最大の責任は大統領が負うことになる。

ブッシュ大統領が国防長官の更迭を発表した11月8日、その前日に行われた米国の中間選挙の結果が明らかとなった。結果は、上院、下院ともに共和党が敗北、民主党の勝利となった。とくに下院の場合、普通なら現職が圧倒的に強く、再選率は九八％というのに、今回の選挙で共和党は現職一六人が落選、一二年ぶりに少数派に転落した。

さらに同日、三六州で行われた知事選でも共和党が後退、非改選も含め民主党の知事が過半数を占めることとなった。

選挙結果は、イラク戦争の失敗によってブッシュ政権に対する国民の批判がいかに高まっているかを実証した。

ブッシュ大統領は、一日も早くイラクの混乱状況を収拾し、米兵を撤退させなくてはならない。だが、その手立てはどこにも見つからない。それどころか、逆に駐留費を増額し、兵力の増派まで考えざるを得ない状況だ。残る二年間の任期中、イラクにブッシュ政権の希望はない。

残る二年間に、世界で唯一の超大国の大統領として世界に誇りうる事業を成し遂げられるところは、イラク以外にはどこにあるか？　また、イラクでの失敗によって傷ついた名誉を多少なりとも回復できるところは、どこにあるか？　さらに、二一世紀最初の米国大統領として、歴史に名を残せる事業は何か？

その答えが――「北朝鮮」だったのではないか。

イラク戦争の失敗によってブッシュ政権への内外からの批判が高まってきたのを見て、北朝鮮は〇六年7月と10月、最後の切り札とも言うべきカードを二枚、立て続けに切った。イラク戦争で疲弊した米国は、もはやイラクとイラン、あるいはイラクと北朝鮮の〝二正面作戦〟には耐えられないということを見切った上での捨て身の挑戦だった。

改めて六カ国協議のメンバーを見てみると、日本だけは拉致問題で北朝鮮と敵対的な関係に陥っているが、他の三カ国——中国、韓国、ロシアはいずれも、米国に対し北朝鮮との対話に応じてほしいと思っている。日本にしても、前首相みずから北朝鮮と直接対話をしてはどうかとすすめてくれた。ブッシュ政権が北朝鮮との直接対話を受け入れれば、国際的に歓迎されることはまちがいない。

また、朝鮮戦争の法的な終結とそれに続く北朝鮮との国交正常化の問題は、半世紀にわたり米国が未解決のまま放置してきた歴史的な宿題である。北朝鮮がソ連陣営に属して米国陣営と対峙していた冷戦時代には、その解決は不可能だったが、一九九〇年に冷戦が終結してからもすでに一六年がたつ。この間、クリントン政権がこの歴史的課題に取り組んで、いったんは成功するかに見えたが、結局不成功に終わった。

今回、ブッシュ政権がこの課題に取り組んで、冷戦時代の最後の遺物ともいうべき停戦協定を廃棄し、平和条約として生まれ変わらせることができたら、それは歴史的和解として世界から高く評価されるだろう。かつて一九七二年、ニクソン大統領がそれまで敵対関係にあった中国を訪問し、米中国交回復の道を切り開いたことによって、ベトナム戦争やウォーターゲート事件での暗いイメージに包まれながらもその名を現代史に残したように、ブッシュ大統領も米朝平和条約を成立させれば、その調印者として歴史に名を刻むことができるかもしれない。

イラク戦争での大失態と、それによる中間選挙での決定的敗北により、いまやレームダックとなったブッシュ政権にとって、北朝鮮との直接交渉を受け入れる以外に、残された選択肢はもはやなかったのである。

※再開した六カ国協議、外見は頓挫したかに見えたが

こうしてブッシュ政権の米国は北朝鮮との直接対話に踏み切り、その上で米、朝、中の三国は前年12月いらい停止状態にあった六カ国協議を再開することに合意した。ライス米国務長官が、ＡＰＥＣ首脳会議が終わり次第再開したいと述べたことは前に紹介した。

しかし、ＡＰＥＣが終わっても六カ国協議はなかなか再開に至らなかった。後で説明するが、米国による金融制裁問題が引っかかっていたからである。

それでも12月18日、北京の釣魚台迎賓館で一年ぶりの六カ国協議が再開される。だが再開はされたものの、容易に進展しないその協議状況を、共同通信の配信による記事は、強い苛立ちをこめて伝えている。以下、見出しだけを並べてみる。

▼（18日）「6ヵ国協議」再開——米朝、核放棄で攻防
▼（19日）「核保有国」を主張——制裁解除を北朝鮮要求、米と真っ向対立
▼（20日）不信感募らせる米——議長国の中国にも疑念抱く
▼（21日）あすまで継続——金融制裁に北朝鮮固執、核問題議論できず
▼（22日）打開へめど立たず——北朝鮮「制裁解除が先決」
▼（23日）「6ヵ国」成果なく休会——次回日程決まらず　北朝鮮、核放棄を拒否

この見出しを見ると、六カ国協議は「成果なく」終わったばかりか、対立をいっそう深めて終わったような印象さえ受ける。

しかしすでに述べてきたように、北朝鮮は最後の切り札を切ってしまったのであり、米国もまたそれを正面から受け止め、応じる以外にとるべき道はなかったのである。

表面は激しいやり取りに終始しているように見えても、水面下では双方が譲り合える限度を見極めるための必死の探り合いがつづいていたにちがいない。

事実、年が明けて1月半ば、私たちは、これまで固く閉じられていたダムの水門が開かれ、水が一気に流れ出すように、停滞していた事態が急転直下動き出してゆくニュースを

聞くのである。

※ベルリンでの米朝代表会談

二〇〇七年1月18日、新聞は、米国の六カ国協議の首席代表・ヒル国務次官補が前日にベルリン市内で行った講演内容を伝えた。それによると、前々日の1月16日、ヒル代表と北朝鮮の金桂冠首席代表は、ベルリンの米国大使館で午前、午後と延べ六時間にわたって会談し、翌17日には今度は北朝鮮の大使館に場所を移して会談を行ったという。

会談の内容についてはヒル氏は触れなかったが、米国政府の構えとして「問題を解決するためには、できることは何でもする考えだ」と言い切り、結果については「有用な話し合いだった」と語ったという。

北朝鮮がミサイルを撃ち、核実験を強行してまで求めていた米国との直接対話は、Ⅰ章で述べたように前年の10月31日、北京で実現していた。しかしそれは中国の仲介によるものだったし、またヒル氏も「話し合いであって交渉ではない」と念を押していた。

しかし今回のベルリンでの会談は、完全に米朝二国間の発意と合意によるものであり、会談の場所を両国大使館に設定したことに見られるように、まったく対等の立場ですすめられたものだった。

のちに（半年後）ヒル首席代表のもとで米国の次席代表を務めたビクター・チャ氏が明かしたところによると、12月の六カ国協議が休会になって、チャ氏らが北京空港に行くと、ちょうど北朝鮮代表団も帰国するところだった。そこで、北朝鮮の李根《リグン》・外務省米州局長（次席代表）が「北京以外の場所で会いたい」と密会の話を持ちかけてきたという。

場所については、北朝鮮側が最初ジュネーブを提案、米側が渋ると、ではベルリンではどうか、と再提案し、米側は「検討してみる」ということで別れた。その後、チャ氏らはクリスマス休暇中にニューヨークで北朝鮮の金明吉公使と会い、北朝鮮の意向を再度確認した上でベルリンでの会談が決まったという（朝日、07・7・5）。

場所がベルリンになったのは、クリントン政権時代、米朝枠組み合意をめぐる交渉で両国の大使館を使ったことによるが、双方の首席代表が大使館を相互訪問して会談を重ねたのは今回が初めてだという。そこから見えてくるのは、ヒル代表が言ったように「できることは何でもする」という米国の北朝鮮問題解決へ向けての積極的な姿勢である。

一方、北朝鮮の国営朝鮮中央通信も、「朝鮮と米国の会談が双方の合意によって行われた」こと、そのさい「われわれは直接対話を行うことに注意を払った」こと、その協議の結果「一定の合意に達した」ことを報じた（朝日、1・20）。

こうして双方にとり満足のゆく会談結果を得て、北朝鮮の金桂冠代表は1月20日深夜、ベルリン空港をたち、モスクワへ向かう。そしてそこでロシアの六カ国協議首席代表、ロシュコフ外務次官と約一時間会談した。その内容が、ベルリン会談の報告と六カ国協議の早期再開についての同意の要請だったろうことは容易に推測できる。

米国のヒル代表も同じ20日に来日、つづいて韓国、中国へ飛び、各国の六カ国協議首席代表にベルリン会談の結果を報告、了承を求めた。

こうして米朝ベルリン会談の後、ほとんど間をおかずに他の四カ国に対する報告が行われ、了承が求められて、六カ国協議の早期再開が決まったのである。

その一方で、当面の最大の障害となっている米国による金融制裁問題の解決のために、北朝鮮からは呉光鉄・朝鮮貿易銀行総裁が、米国からはグレーザー財務次官補代理が北京へ向かうことが決まった。

※六カ国協議の〝歴史的〟合意文書

二〇〇七年2月8日、北京の釣魚台国賓館で六カ国会議が再開された。協議はきわめて

歴史的な「合意文書」を成立させた六カ国協議の閉会式で握手する各国の首席代表たち。全員の笑顔に喜びがあふれている。左から日本・佐々江賢一郎、韓国・千英宇、北朝鮮・金桂冠、中国・武大偉、米国・クリストファー・ヒル、ロシア・アレクサンドル・ロシュコフ首席代表（写真は朝日新聞社提供）

順調にすすみ、13日には早くも北朝鮮の核施設の処理・処分を含む「合意文書」を採択する。

協議がこのように速やかに進行したのは、言うまでもなくベルリンで米朝の合意ができていたからである。事実、ベルリン会談で米朝は、朝鮮半島の非核化に向けた「初期段階の措置」について基本的な合意に達し、「覚書」を交わしていたことが報じられた。六カ国協議の議長をつとめる中国の武大偉首席代表はヒル代表からその「覚書」の写しを受け取り、あわせて北朝鮮の金代表からも説明を受けていたという（朝日、2・8）。

六カ国の合意文書は、文字どおりの歴史的文書である。なぜなら、これが実現されれば、北朝鮮による核危機が回避されるのは当然として、さらに、半世紀を超える米国と北朝鮮の敵対関係、日本と北朝鮮の対立的関係が解消されるとともに、朝鮮半島の南北の和解が一気にすすむはずだからである。

この合意文書で約束されたことが現実になったとき、東北アジアは、アヘン戦争で始まるその近代史の幕開け以来はじめて、平和と安定を享受できることになる。

そのことをたしかめていただくために、やや長くなるが合意文書の一部を、ここでは朝日新聞の報道から引用する（全文は巻末の外務省「仮訳」資料を参照）。

最初は、北朝鮮が「初期の段階」においてとるべき措置である。

《1．北朝鮮は、再処理施設を含む寧辺《ヨンビョン》の核施設について、それらを最終的に放棄することを目的として稼動の停止及び封印を行うとともに、国際原子力機関（IAEA）と北朝鮮との合意に従いすべての必要な監視及び検証を行うために、IAEA要員の復帰を求める。

2．北朝鮮は、共同声明に従って放棄されることになっている使用済み燃料棒から抽出されたプルトニウムを含む、共同声明に記されたすべての核計画の一覧表について、五カ国と協議する。》

北朝鮮には以上のような措置をとることが課されている。

次は、米国がとるべき措置である。

《3．北朝鮮と米国は、未解決の二国間の問題を解決し、完全な外交関係を目指すための二国間の協議を開始する。

米国は、北朝鮮のテロ支援国家指定を解除する作業を開始するとともに、北朝鮮に対する対敵国通商法の適用を終了する作業を進める。》

「未解決の二国間の問題」という言葉がここにある。それが一九五三年以来の停戦状態＝潜在的戦争状態を指していることは、前のⅡ章を読まれた読者にはすぐにおわかりになるだろう。北朝鮮が最も望んでいた米国との平和条約締結のための協議を開始することが、ここに記されているのである。

そしてその平和条約締結のためには、米国は当然、テロ支援国家の指定を解除し、経済制裁を解除することになる。

この米国の次には、日本がとるべき措置が書かれている。

《4．北朝鮮と日本は、平壌宣言に従って、不幸な過去を清算し、懸案事項を解決することを基礎として、国交を正常化するための措置をとるため、二国間の協議を開始する。》

ここにある両国間の「不幸な過去」が、日本による三五年に及ぶ植民地支配を指していることは言うまでもない。二〇〇二年の日朝平壌宣言には、こう書かれている（巻末の資料参照）。――「日本側は、過去の植民地支配によって、朝鮮の人々に多大の損害と苦痛を与えたという歴史の事実を謙虚に受け止め、痛切な反省と心からのお詫びの気持ちを表明した。」

つづいて「懸案事項を解決する」とある、その「懸案事項」とは何か。平壌宣言には、日本側のやるべきこととして無償資金協力をはじめとする種々の経済協力について書かれ、一方、北朝鮮側の問題として「日本国民の生命と安全にかかわる懸案問題」と書かれていた。

拉致の問題を含む日朝間の関係も、米朝関係と同様、直接対話、直接交渉を通じてしか解決されない。双方が向かい合って、主張することは主張し、譲るべきことは譲る、そのプロセスを通してしか、過去は清算されないし、懸案事項も解決されない。そのために「二国間の協議を開始する」ことが、この六カ国協議の合意文書「初期段階の措置」の中で六カ国によって確認されたのである。

以上の二国間協議を含め、合意文書では次の五つの作業部会を設置して取り組んでゆくことになった。

1．朝鮮半島の非核化
2．米朝国交正常化
3．日朝国交正常化
4．経済及びエネルギー協力
5．北東アジアの平和及び安全のメカニズム

ここに挙げられた課題がすべて実現すれば、東北アジアの光景は一変する。これまで、冷戦の構図が音を立てて崩れ去ったヨーロッパに比べ、冷戦時代の対立の影におおわれたままだった東北アジアも、ようやく冷戦時代の呪縛から解放されることになる。

ところがこの後、六カ国の取り組みは思いもかけなかった理由で頓挫し、足踏みをつづ

けることになる。米国による、北朝鮮への金融制裁解除の問題である。

※最後の障壁となった金融制裁解除問題

前に述べたように（24頁）米国は北朝鮮に対し、米ドル紙幣の偽造と資金洗浄（マネーロンダリング）の疑惑を抱いていた。米財務省は、その北朝鮮の拠点としてマカオの銀行、バンコ・デルタ・アジア（ＢＤＡ）にねらいをつけ、〇五年9月、同行を疑惑の金融機関に指定した。それを受け、マカオ金融当局は同行を管理下におくとともに同行の北朝鮮関連口座を凍結した。口座数は約五〇、総額約二千五百万ドル（約三〇億円）と見積もられた。

これに対し、北朝鮮は「米国による金融制裁であり、敵視政策だ」と激しく反発、せっかく北朝鮮の核放棄を盛り込んだ共同声明を発表したのに、六カ国協議は長い休会に入ったのだった。〇六年12月、中国の懸命の仲介によってやっと一年ぶりで再開した同協議がわずか数日で休会になったのも、やはりこの金融制裁問題が原因だった。

合意文書「初期段階の措置」をまとめあげることによって歴史的和解への一歩を踏みだした六カ国協議にとっても、この金融制裁問題はのど元に突き刺さったトゲとなった。

膠着《こうちゃく》状態が一カ月もつづいた後、3月19日、米国がついに譲歩し、ＢＤＡに凍結されていた二千五百万ドルを、人道目的だけに使うことを条件に、北京の中国銀行にある朝鮮貿易銀行の口座に移すことを認めた。北朝鮮もそれで了承した。

ところがここで、米国が予想もしていなかった事態が生じた。中国銀行がＢＤＡからの送金を受け取ることを拒否したのだ。理由は、米国によってマネーロンダリング疑惑でダーティーな銀行と烙印を押されたＢＤＡと取引することで国際的な信用を落とすわけにはいかない、と考えたからだった。このことは、米国が自国の銀行にＢＤＡとの取引を禁止したのに続いて各国の銀行もＢＤＡとの取引を止めたのを見れば、初めから予想できたことだった。皮肉にも、基軸通貨ドルをもつ米国だけが、自らの影響力の大きさを認識できていなかったのである。

こうしてさらに膠着状態がつづいたため、4月10日、米国財務省は次の手を打つ。中国銀行への送金は行わず、ＢＤＡに凍結されていた北朝鮮関連の預金を全額現金に換え、北朝鮮に直接返還するというものだ。これにより、米国財務省は「すべての資金は凍結を解除された」と発表したが、しかしＢＤＡの窓口に用意された二千五百万ドルを、北朝鮮側は引き取りに現れなかった。

なぜ、北朝鮮は現金を受け取りに現れなかったのか。理由は、北朝鮮が求めていたのは、二千五百万ドルの資金そのものよりも、国際金融システムとの取引ルートの維持だったからだ。北朝鮮がいくら貧しい国だといっても、二千五百万ドル（三〇億円）という金額はそれで国家の屋台骨が揺れるというほどの額ではない。それよりも、この金融制裁で国際金融システムから閉め出されてしまうことを北朝鮮は怖れたのだ。（ちなみに、合意文書「初期段階の措置」の実施の見返りとして韓国から贈られる重油五万トンの価格が、およそ三〇億円という。）

北朝鮮にとって、マカオのＢＤＡは国際金融システムに接続するための重要な窓口だった。ＢＤＡで凍結されていた預金が、他の国の金融機関を通じて返還されるのであれば、北朝鮮はまだ国際金融システムとつながっていると言える。しかし、預金を全額キャッシュで返されてしまえば、そこですべてが終わってしまう。信用による国際取引のルートを確保しておくためには、北朝鮮は現金受け取りに応じるわけにいかなかったのだ。

こうして事態はさらに迷走をつづける。二度まで解決に失敗した米国が三度目にとった解決策は、米国自身の下した制裁措置をみずから破棄するというものだった。まずＢＤＡに凍結されている二千五百万ドルをニューヨークの連邦準備銀行（中央銀行）に送金し、ニューヨーク連銀はそれをロシアの中央銀行に送る。そしてそこから極東にあるロシア民間銀行の北朝鮮関連の口座に振り込む、という段取りだった。これなら、国際金融システムを通じての送金ということになる。

6月25日、北朝鮮外務省報道官は、BDAに凍結されていた資金が「われわれの要求どおり送金され、問題は解決した」と発表した。

こうして、迷走をつづけた金融制裁解除問題もようやく一件落着した。

この間、6月21日、六カ国協議のヒル米国首席代表が北朝鮮の招きで訪朝した。日本から韓国経由で北朝鮮に入ったヒル代表は平壌空港で、「金融制裁解除問題で失われた時間を取り戻したい」と語った。

その言葉どおり、以後の米朝対話は加速され、北朝鮮も合意文書「初期段階の措置」での約束事項の実施に向け積極姿勢をとる。6月27日には国際原子力機関（IAEA）のハイノネン次長ら代表団が訪朝、「寧辺《ヨンビョン》の核施設の稼動停止と封印の検証のための手続き」について協議、合意した。

それから二週間とたたない7月12日、北朝鮮の原子炉稼動停止の見返りとして韓国から提供されることが約束されていた重油五万トンの第一便、六千二百トンの重油を積んだタンカーが韓国南部の蔚山《ウルサン》港を出港、一方、同日、ＩＡＥＡの監視団、アデル・トルバ団長以下一〇名がＩＡＥＡ本部のあるウィーンを発った。

Ⅳ

「北朝鮮の脅威」と自衛隊の戦略転換

※置き去りにされたもう一つの重要な〈問い〉

北朝鮮のミサイル発射、核実験をめぐって、I章で「置き去りにされた最も重要な問い」について述べた（21ページ）。それを決行すれば、世界中から非難されるのがわかりきっているのに、北朝鮮はなぜミサイルを発射し、核実験を強行したのか、という〈問い〉である。

実はもう一つ、北朝鮮のミサイルがいまにも日本に飛んでくるかのようなテレビを中心にした喧騒の中で、当然発せられるべきであるのについに発せられなかった〈問い〉があった。**北朝鮮は何を目的に日本にミサイルを撃ち込んでくるのか？　日本を攻撃して、それで北朝鮮はどんな利得が得られるのか？**——という〈問い〉である。

国際紛争の原因となるのは、領土（国境線）問題や資源獲得の問題、民族的な対立、宗教的な確執などである。領土問題について、日本は韓国との間では竹島（独島）問題を抱えているが、北朝鮮との間にはまったく問題は存在しない。日本を占領したところで、略奪できる資源もない。工場や銀行を占領したところで、そこで働く日本人が北朝鮮に服属し、従順かつ積極的に協力しなければ利益をあげることはできない。そうでない限り、工場を乗っ取っても何の意味もない。

つまり、日本を武力攻撃して得られるものは何もないのだ。それなのに、どうして北朝鮮が日本を攻撃してくるのだろうか。

テレビのコメンテーターとして常連のある大新聞の論説委員は、日本が北朝鮮の中距離弾道ミサイル「ノドン」の射程距離の中に入っているのを忘れてはいけません、と訓辞していた。言外に、北朝鮮の日本侵攻を警告している。それなら彼は、北朝鮮がなぜ日本を攻撃してくるのか、その判断の根拠をあわせて語らなくてはならない。なぜそう考えるのか、その理由を語らずにただ危機をあおるだけでは、言論人として無責任の批判をまぬかれない。しかし彼だけでなく、テレビに登場するだれもが、「北朝鮮の脅威」についてはせき込んで語るものの、その北朝鮮がいかなる目的で、いかなる利得を求めて日本にミサイルを撃ち込んでくるのか、その判断の根拠、理由については何も語らなかった。

現実に何の根拠もないのに襲われるかも知れないとおびえるのを「被害妄想」という。「北朝鮮の脅威」も、その根拠を説明できない以上、妄想の一つだと断定せざるを得ない。

ところが、妄想だとはっきりわかっていても、それが政策判断に取り入れられ、政策文書の中に書き込まれると、現実に存在するものとして政治的な力を発揮することになる。

「中期防衛力整備計画」や「防衛計画の大綱」の中に書き込まれた「北朝鮮の脅威」がそれである。

※初めて脅威（仮想敵）に設定された北朝鮮

逆説的な言い方になるが、軍隊が最も必要とするのが脅威（仮想敵）である。脅威（仮想敵）が存在しなければ、軍隊は不必要になり、リストラが避けられないからである。したがって、組織を維持し、予算を確保し続けるためには、常に脅威（仮想敵）を設定し、それと対峙していなければならない。

米ソがにらみ合う冷戦体制のなかで、米国陣営の一員として生み出された自衛隊にとっての脅威（仮想敵）は一貫してソ連だった。「ソ連軍の侵攻」にそなえるため陸上自衛隊は大量の戦車を北海道に集中させ、ソ連海軍の原子力潜水艦を追跡・捕捉するために海上自衛隊は百機ものＰ３Ｃ対潜哨戒機を配備し、ソ連機による領空侵犯にそなえて航空自衛隊の戦闘機はスクランブル（緊急発進）の訓練を積み重ねた。

しかし一九八九年末、米ソ首脳は地中海マルタ島での会談で冷戦の終結を宣言、米ソ両陣営が正面から敵対する関係は終わった。まもなくソ連邦そのものも解体する。

こうして自衛隊が、発足以来三五年間、対戦相手として設定してきた脅威（仮想敵）が消えてなくなった。

脅威の消滅は国民にとっては喜ぶべきことだったが、自衛隊にとっては必ずしもそうではなかった。前に述べたように、仮想敵の消失は、組織の縮小、予算の削減につながらざるを得ないからである。

ソ連に代わる新たな脅威（仮想敵）が必要となった。

その新たな仮想敵の設定は、冷戦が終わって早くも五年目に新聞報道で確認できる。一九九五年7月29日付けの朝日新聞の記事である。「冷戦後の日米安保」というシリーズの二回目で、タイトルも「消えた脅威――描けぬ「不安定要因」」となっている。この記事によると、陸上自衛隊と米軍の合同図上演習で、北朝鮮軍は「茶色軍」として九州に侵攻してくる設定になっているのである。

この図上演習のコード名は「ヤマサクラ（ＹＳ27）」という。この「ヤマサクラ」は陸上自衛隊の全国を五つに分割した各「方面隊」の幕僚スタッフと米軍の司令部要員が合同で行う指揮幕僚活動の演習である。現在も続けられており、今年〇七年も7月にハワイで、自衛隊は東北方面隊を中心に一二五人、米軍は在日米陸軍司令部など一〇〇人が参加して

「ヤマサクラ（ＹＳ53）」が実施された。

さて、九五年1月の日米合同図上演習は、陸上自衛隊北熊本駐屯地で西部方面隊と米軍とで行われた。自衛隊からは福岡の第四師団などから約二千人、米軍は在日米陸軍や米本土ワシントン州の陸軍第一軍団司令部などから約千人が参加した。図上演習は、第二次大戦のころは文字どおり大きな地図の上で部隊や軍艦を将棋のこまのように動かして行ったが（それで兵棋《へいき》演習とも言う）、現在はコンピューターを使って行う。この熊本での図上演

北朝鮮を仮想敵とした自衛隊と米軍の図上演習を報じた朝日新聞（1995年7月29日付）

習も、指揮所となった駐屯地の体育館に大型コンピューターがずらりと並べられ、それは米本土にも接続されていたという。

演習は、「茶色軍」が朝鮮半島から対馬《つしま》、壱岐《いき》をへて九州に侵攻してきたという設定だ。これを「青軍（自衛隊）」が「緑軍（米軍）」の来援を受けて迎え撃つ。「緑軍」の援軍は、韓国やハワイ、さらには米本土からも駆けつけ、三日目で「茶色軍」は撃退された。

この「茶色軍」はどこの国か。演習に参加した自衛隊の幹部の一人は記者に「北朝鮮（朝鮮民主主義人民共和国）ですよ」と明かしてくれたというが、明かされなくても北朝鮮以外の想定はあり得ない。

このときの「ヤマサクラ」は二七回目だったから、それ以前の冷戦時代にも日米合同図上演習は回を重ねてきている。しかし冷戦時代の仮想敵はもっぱら「赤軍（ソ連軍）」で、侵攻してくる場所も、宗谷海峡をはさんでソ連領のサハリンと接する北海道だった。この朝日の記事によると、敵軍の九州への侵攻を想定した演習は、このときが初めてのことだという。つまりこのころから、自衛隊は北朝鮮をソ連に代わる脅威（仮想敵）として演習の上で設定したのである。

しかしこの段階では、まだそれを政策文書に明記するまでにはいたっていない。「北朝鮮の脅威」を政策文書に書き込むためには、何らかの「事件」が必要だった。その待っていた「事件」が、一九九八年と九九年にあいついで発生する。

※〝テポドンの脅威〟で始まった日本のミサイル防衛

一九九八年8月31日、北朝鮮は東方へ向けて中距離弾道ミサイル「テポドン1」を発射した。北朝鮮としては初めての二段式ロケットエンジンの弾道ミサイルである。最大射程距離は二千キロ。

北朝鮮の東部、日本海岸の大浦洞《テポドン》から打ち上げられたテポドン1は、本州の北端、青森県の上空を通過し、三陸沖の海に落下した。海上自衛隊の八戸基地からはＰ３Ｃ対潜哨戒機が緊急発進、海上に漂う部品の一部を見つけた。

テポドンはもちろん日本をねらったものではない。先ほど述べたように、北朝鮮が日本をミサイル攻撃したところで、何の利得もないからだ。事前の予告なしに打ち上げたのは確かに問題だが、試射の方角を地球の自転する方向と同じ東方の海上に設定したのは当然といえる。弾道ミサイルだから、ミサイルが飛行する空間も領空ではなく大気圏外の宇宙空間となる。

しかしこの知らせに、日本中は騒然となった。ミサイルがまるで日本をねらって撃ち込まれたかのような危機感が列島をつつんだ。いわゆる「テポドン・ショック」である。

この「テポドン・ショック」を最大限に利用したのが、防衛庁・自衛隊だった。「テポドンで、社会も政治家もマスコミも一変した」（秋山昌廣防衛事務次官）なかで、同じ当時の防衛庁幹部は自ら体験したテポドン効果をこう語ったという。――「ミサイル防衛関連の予算は今年も駄目だろうと考えていたら、概算要求の締めのタイミングで、テポドン発射があった。半島に足を向けて寝られない」（共同通信社憲法取材班『「改憲」の系譜』新潮社46－47ページ）。

当時のクリントン政権の米国は、中距離、短距離の弾道ミサイルを想定した戦域ミサイル防衛（ＴＭＤ）の開発に取り組んでいた。ミサイル防衛の開発には莫大な費用と高度な技術が必要だ。そのため米国は日本に対し、共同開発に加わることを求めていた。しかし、弾丸（ミサイル）で弾丸（ミサイル）を撃ち落とすなどという芸当が果たして現実に可能なのか、話が遠い上に集団的自衛権の問題もからむ。米国からの要請と国内事情との間で板ばさみになっていた防衛庁を、一発のテポドンが救ってくれたというわけである。

この年（九八年）12月、テポドン・ショックを追い風に、政府はＴＭＤの日米共同技術研究に取り組むことを決定した。

　このあと米国の政治はクリントン政権からブッシュ政権に引き継がれる。二一世紀の始まりとともに米国を率いることになったブッシュ大統領は、弾道ミサイル防衛（ＢＭＤ）をその主要な政治目標の一つにすえた。そして〇一年12月、ロシアおよび旧ソ連邦の諸国に対して対弾道ミサイルシステム（ＡＢＭ）制限条約から脱退することを通告、翌〇二年にはそれまでのミサイル防衛局（ＭＢＤＯ）をミサイル防衛庁（ＭＤＡ）に格上げした。ソ連の崩壊後、唯一の軍事超大国となった米国が、その地位と覇権をいっそう固めるためである。

　〇二年、米国は早くも、イージス艦搭載のＳＭ３と地上配備のペトリオットＰＡＣ３を使ったＢＭＤの初期配備を決定した。それを受けて〇三年12月、政府は「我が国としてのＢＭＤシステムの構築が現有のイージス・システム搭載護衛艦および地対空誘導弾ペトリオットの能力向上並びにその統合的運用によって可能となった」としてその整備に着手することを閣議決定した。

　そして翌〇四年12月に閣議決定した「防衛計画の大綱」の中に、防衛庁・自衛隊が取り組む第一の課題として「弾道ミサイル攻撃への対応」が掲げられる。

「防衛計画の大綱」とは文字どおりこの国の防衛計画を推し進める上での基本方針である。その基本方針の中に、自衛隊の取り組むべき課題として、「⑴　新たな脅威や多様な事態への実効的な対応」の第一番目に「ア　弾道ミサイル攻撃への対応」が書き込まれたのである。

こうして「テポドン・ショック」から六年、弾道ミサイル防衛は海上自衛隊と航空自衛隊を中心に取り組む第一の〝防衛課題〟となった。

※「不審船」事件から始まった「対ゲリラ戦略」

テポドン事件の起こった翌九九年3月、「不審船」事件が発生する。

海上自衛隊のＰ３Ｃ対潜哨戒機が能登半島沖で発見した「不審船」は小型の漁船二隻で、海上保安庁の巡視船と海自の護衛艦、それにＰ３Ｃも加わって追跡したが取り逃がしてしまった。護衛艦二隻はそれぞれ十数回にわたって警告射撃をしたが、停船させることはできなかった。スクリュー部分をねらって砲撃すれば止められたはずだが、そうすると相手の船が小さすぎたため船そのものを沈没させてしまいかねず、実行できなかったのだ。追跡は一昼夜にわたったが、ついに停船させることはできず、防空識別圏外へ逃げられててしまった。（このあと〇一年、自衛隊法が改正され、海上警備行動時などの際、相手の船を停止させるのに他に手段がないときは、必要と判断される範囲内で武器を使用してもよい、それで人に危害を与えても正当防衛として認められるという条項が新設された。）

「不審船」というと、何かよほどの〝脅威〟のように思われそうだが、実体はこの程度のものだったのである。

その後、〇三年に刊行された海上保安庁の白書『海上保安レポート２００３』に、九九〜〇二年の四年間の「主な薬物と銃器の密輸の摘発状況」が地図入りで発表された。それを見ると、薬物が圧倒的に多く、地域は日本海から東シナ海の沿岸部全域にわたっている。〇一年12月には奄美大島沖で同じく「不審船」が海上保安庁の巡視船四隻と銃撃戦のすえ自爆して沈没する事件が起こったが、これについても同『レポート』は「以前から九州周辺海域を活動区域として、覚せい剤の運搬及び受け渡しのために行動していた疑いが濃厚です」と結論づけている。

能登半島沖で発見された「不審船」も、そうした麻薬密輸船だったと見てまず間違いはないはずだが、しかし防衛庁・自衛隊はそう見なかった。日本で破壊工作を行う「武装工作員」を乗せた「武装工作船」だと見立てたのである。

となると、その対応策を講じなくてはならない、ということになる。そしてその対応策では、武装工作員のイメージはさらにふくれあがり、ゲリラ、コマンド（特殊部隊）となってゆく。

「不審船」事件の翌二〇〇〇年12月に閣議決定された「中期防衛力整備計画（中期防）」では、さっそく「ゲリラ対策」が書き込まれた。中期防とは、先ほどの「防衛計画の大綱」にもとづいて実施される五カ年（中期）の防衛力整備計画である。その〇一年度からの中期防の中に、陸上自衛隊が取り組むべき最大の課題として「ゲリラによる攻撃等各種の攻撃形態への対処能力」の獲得がかかげられたのである。

念のために、該当項目の全文を引用しておこう（傍線は筆者）。

1　ゲリラや特殊部隊による攻撃に対して効果的に対処し得るよう、専門の部隊を新編するほか、装備、訓練等の充実を図るとともに、関係機関との密接な協力に努める。

また、島嶼《とうしょ》部への侵略や災害に適切に対処し得るよう、初動展開・情報収集能力を高めた所要の部隊を新編する。

対ゲリラ戦は陸上自衛隊が主体となる。しかし「不審船」事件は海上で起こった。米海軍の特殊部隊「SEALS《シールズ》」にならってか、〇一年3月、陸自に先んじて海上自衛隊の中に特殊部隊が創設された。「海自特別警備隊」といい、かつて海軍兵学校のあった江田島を本拠に七〇人で構成される。

その実態はこれまで完全に秘密のベールにつつまれていたが、今年〇七年6月、初めて報道陣にその活動ぶりが公開された。自衛隊の準機関紙『朝雲』（07・7・5）によると、全員が黒ずくめの覆面姿で89式小銃を持ち、海面を跳ねながら飛ぶように疾走するゴム製の特別機動船RHIBを駆って不審船をとらえ、乗り込んで制圧したという。

海自の特殊部隊の活動舞台が海上なのに対し、陸自の対ゲリラ戦の戦場は都市部、市街地となる。

軍事研究家の故西沢優氏によると、陸上自衛隊は一九七〇年代の半ばから富士演習場と北九州の曽根訓練場で市街地戦闘訓練を行ってきたが、本格的に取り組みだしたのは九九年からだという（『都市型戦闘訓練』01年、福岡県平和委員会発行）。

九九年6月、現在は防衛省のある東京・市ヶ谷の駐屯地で、第32普通科連隊（普通科とは自衛隊独特の用語で歩兵のこと、特科は砲兵）がはじめて都市型戦闘訓練を実施した。敵ゲリラが潜入したという想定で使われたのは隊員の宿舎になっている五階建てのビルで、「このビルの中に約三〇人の敵ゲリラが入っている。そして、窓から敵が撃ってくる。陸上自衛隊32普通科連隊は一〇〇人の兵士を動員して敵ゲリラをそのビルディングから掃討する訓練をやった」。その訓練を、首都圏防衛を担当する第一師団や東部方面隊の多数の幹部が見学していたという。

九九年6月というと、「不審船」事件からまだわずか三カ月しかたっていない。しかし陸自の現場では、中期防に書き込む前から早くも対ゲリラ戦を「仮想敵」の正面にすえた戦略へと動き始めていたのである。

そしてその中期防の実施第一年目の〇一年には、北海道大演習場で、沖縄から来た第三海兵師団の六五〇人と、陸自第一一師団の第一〇普通科連隊六五〇人とが合同戦闘訓練を行った。

つづく〇二年には、第一師団の第34普通科連隊の一二五名が、ハワイ・オアフ島にある米軍スコーフィールド・バラックス演習場へ行き、そこにある都市型戦闘訓練施設を使って、米軍第25軽歩兵師団の一二〇名と共同訓練を行った。そのさいの指南役は、もちろん実戦でも対ゲリラ戦の経験をもつ米軍である。それがどんなに強烈な印象を与えたかは、第34普通科連隊長の感想でわかる（『朝雲』02・10・3付所載）。

「こちらに来て訓練施設のスケール、生きるか、死ぬかの心構えで臨む兵士の姿勢に圧倒された。……一から十まで学ぶことばかり。可能な限り訓練の成果を日本に持ち帰りたい」

以後、陸上自衛隊は、米軍の指導と援助を受けながら、対ゲリラ戦に向けて、施設・装備をととのえ、部隊を新編し、種々の訓練を積み重ねてゆく。その転換点が、「不審船」事件だったのである。

※「北朝鮮の脅威」から作られた自衛隊の二大戦略目標

こうして九八年の「テポドン・ショック」からはミサイル防衛、九九年の「不審船」事件からは対ゲリラ戦、という冷戦後自衛隊の二大戦略目標が作り出された。そしてそれは、ミサイル防衛のところで述べたように、〇四年12月に閣議決定され、翌〇五年から実施に移される「防衛計画の大綱」にしっかりと書き込まれた。以下、その全体構成を見た上で、この二つがどのように位置づけられているかを紹介しよう。

「防衛計画の大綱」、略して「防衛大綱」は、大きくは次の三つの章で構成されている。

Ⅰ　我が国を取り巻く安全保障環境
Ⅱ　我が国の安全保障の基本方針
Ⅲ　防衛力の在り方

このうち、自衛隊の戦略目標やそれへの取り組みについては、〈Ⅲ　防衛力の在り方〉の中の〈防衛力の役割〉で述べられている。「防衛力」と言われるとぴんとこないが、要するに自衛隊のことである。その項で、自衛隊が取り組むべき目標、対処すべき事態として、次の三つが挙げられる。

⑴　新たな脅威や多様な事態への実効的な対応
⑵　本格的な侵略事態への備え
⑶　国際的な安全保障環境の改善のための主体的・積極的な取り組み

このうち⑴については後で述べるとして、⑵については「防衛大綱」自身がこう述べている（傍線は筆者）。

「見通しうる将来において、我が国に対する本格的な侵略事態生起の可能性は低下していると判断されるため、従来のような、いわゆる冷戦型の対機甲戦、対潜戦、対航空侵攻を重視した整備構想を転換し、本格的な侵略事態に備えた装備・要員について抜本的な見直しを行い、縮減を図る」

そして実際、「大綱」では、戦車を九百両から六百に、火砲なども同じく九百門・両から六百に削減することとしている。いまや外国からの本格的な侵略への備えは、戦略目標の正面からはずされたのである。

次に⑶は、今後、海外に出動してゆく自衛隊の活動分野として深いねらいを含んでいるが、現在のところはまだ自衛隊の戦略目標の正面にかかげられるほどではない。

というわけで、「自衛隊の役割」の中心にすえられるのは、結局⑴の「新たな脅威や多様な事態への対応」ということになる。

ではこの、一般の人には聞きなれない「新たな脅威や多様な事態」とは、何をいうのか。それは、次に挙げられた項目を見ればわかる。

ア　弾道ミサイル攻撃への対応

イ　ゲリラや特殊部隊による攻撃などへの対応

ウ　島嶼《とうしょ》部に対する侵略への対応

エ　周辺海空域の警戒監視および領空侵犯対処や武装工作船などへの対応

オ　大規模・特殊災害などへの対応

もうあまり言葉を費やす必要はないだろう。最後の「オ」を除いて、アからエまでのすべてが「北朝鮮の脅威」に対する対応なのである（一部、島嶼部への侵略や領空侵犯などは中国からのそれを想定）。

こうしていまや、冷戦時代の「北方（ソ連）の脅威」はそっくり「北朝鮮の脅威」に入れ替わってしまった。先ほどの軍隊と脅威（仮想敵）の関係から見れば、自衛隊が組織を維持し、予算も前年度並みを維持しつづけているのは、「北朝鮮の存在」があってのことだといえる。防衛庁（当時）幹部が共同通信の記者に対して漏らしたという「半島へ足を向けて寝られない」事情は、「テポドン・ショック」の一時期だけでなく、今もってそうなのである。

しかし、すでにⅠ章からⅢ章までに見たように、米朝の直接対話を軸にした六カ国協議の進展によって、北朝鮮をめぐる状況は一変しつつある。そう遠くないうちに、東北アジアにも平和的共存状態が訪れるだろう。当然、「北朝鮮の脅威」は消滅する。

そのとき自衛隊はどうするのか。必要なのは、この国の、そして世界の安全保障についての根本的かつ総合的な検討であり、その中での軍事力の位置づけについての根底からの検討である。

間違っても、「新たな脅威」を「作り出し」てはならない。

※**特殊部隊化へと急傾斜する陸上自衛隊**

先に、陸上自衛隊が施設・装備や編成、訓練の上でいっせいに対ゲリラ戦の準備へと動き出していると述べた。その様子は、マスメディアでほとんど伝えられていないので、その動きを示す事実をいくつか紹介しておきたい。

まず、九州で新たに編成された特殊部隊である。

「不審船」事件が起こった翌二〇〇〇年12月に閣議決定された中期防で、早くも「ゲリラや特殊部隊による攻撃に対処し得る専門の部隊を新編する」ほか「島嶼部への侵略に対処し得る所要の部隊を新編する」ことが定められた。

〇二年3月、その「専門の部隊」が佐世保市相浦《あいのうら》駐屯地で編成された。九州・沖縄方面の防衛を受け持つ西部方面隊司令部の直轄部隊、西部方面普通科連隊だ。総勢六六〇名、半数がサバイバル訓練や潜入、偵察などレンジャー課程を修了した隊員に与えられるレンジャー記章をもつ。

特殊部隊は一般に市街地での戦闘を想定しているが、この西部方面普通科連隊は原生林や海岸での戦闘訓練も行っている。その主要な持ち場が、奄美から八重山諸島につらなる南西諸島（琉球列島）だからだ。つまりこの部隊は、中期防にある「島嶼部への侵略に対処する部隊」なのである。

では、南西諸島に侵入してくるゲリラは、どこの国のゲリラなのか？　北朝鮮からは遠すぎるし、侵入してくる意味もない。結局、尖閣列島（釣魚島）や海底ガス田の所属問題をかかえる中国ということになるだろう。しかし、いまや経済的に完全な日中〝共依存〟関係に入った日本に、中国がゲリラを送り込んで自ら経済関係を断つなどというばかげたことがあり得るはずがない。

ところがその、あり得るはずのないことを「あり得る」として陸自の幕僚監部が極秘の「防衛警備計画戦略」の中で設定していたことがわかった。それを報じた朝日新聞（05・9・26）の見出しはこうなっていた。

「陸自の防衛計画判明――「中国の侵攻」も想定」

軍隊というものは、組織維持のためにはどんな「脅威」でも作り出すものだという、もう一つの証例である（詳しい紹介は拙著『変貌する自衛隊と日米同盟』66～69頁）。

次に、訓練施設の問題である。
〇二年にハワイの米軍演習場に行った第一師団の普通科連隊は、そこに設置されている都市型戦闘訓練施設で米軍の指導を受けながら訓練を行った、と先に書いた。米軍は、冷戦後、今後は国家対国家の従来型の戦争はなくなり、局地的な紛争（低強度紛争）、それも都市を戦場にした内戦型の紛争が主体となると考え、九〇年代以降、ほとんどの演習場に都市型戦闘訓練施設をつくった。

それに対し、陸自はそうした施設を持たなかった。そのためプレハブで間に合わせたり、弾薬箱一万箱を使って何カ月もかけ模擬市街地をつくったりしていた。そして本格的な訓練は、ハワイや米本土、グアムなどの米軍演習場の施設を借りて行ってきた。

しかしいつまでも他国の軍の施設を借りるわけにはいかない。それに、訓練のたびにいちいち外国へ出かけるのでは費用がかかりすぎる。国内に施設をつくらなくてはならない。

陸自は、北部（北海道）から西部（九州・沖縄）まで五つの方面隊で構成されている。その方面隊ごとに一つずつ訓練施設がつくられた。なお米軍は都市型戦闘訓練施設と呼ぶが（沖縄のキャンプ・ハンセンにある陸軍特殊部隊と海兵隊の施設もそう呼んでいる）、陸自では「市街地」の用語を使い、また「戦闘」の文字を省略して、市街地訓練場という。

北部方面隊――東千歳演習場内
東北方面隊――王城寺原演習場内
東部方面隊――東富士演習場内
中部方面隊――あいば野演習場内
西部方面隊――霧島演習場内

このうち東富士以外は小隊（約三〇人）規模の訓練を想定してつくられているが、それでもホテルや銀行、スーパーマーケットなどコンクリートの建物数棟が建てられ、実戦さながらの訓練ができるようになっている。

これに対し東富士だけは中隊（約一五〇人）規模の演習ができるようになっており、建物一〇棟のほかに地下道やマンホールまでつくられており、さらに各所にカメラが設置され、訓練後の反省や学習に使われるという。

※旅団規模の特殊部隊「中央即応集団」の新設

こうして、陸上自衛隊の普通科部隊が「特殊作戦能力」の獲得に向かって傾斜してゆくなかで、〇七年3月、旅団規模の特殊部隊が新たに編成された。「中央即応集団」である。

防衛大綱に示された方針により新編されたこの「メジャーコマンド」（大特殊部隊）は、次の七つの部隊で構成される。

■司令部および司令部付隊　二三〇人で編成。対ゲリラの特殊作戦の立案能力を持つとともにPKOなど国際経験が豊富な要員を集めて編成（当面は東京・練馬区の朝霞駐屯地に設置）。

■第一空挺団　すでに千葉県の習志野駐屯地に存在する。パラシュート部隊であるが、実体は隊員の多くがレンジャー記章をもち、特殊作戦能力を身につけた特殊部隊である。

■特殊作戦群　第一空挺団と同じ習志野に新編された。特殊部隊中の特殊部隊で、米軍のグリーンベレー同様、実態は明らかにされておらず、〇七年3月31日の発足式にも主要幹部だけが覆面姿で参加した。

■第一ヘリコプター団　千葉県の木更津に基地を置く。沖縄の米海兵隊が、普天間にヘリを主体とする海兵航空隊を持つように、特殊作戦にはヘリが不可欠である。中央即応集団ではこの木更津のヘリ団が移動と空中からの攻撃を受け持つ。

■第一〇一特殊武器防護隊　埼玉県の大宮駐屯地に基地をおき、人員は約二〇〇人。特殊武器とは、核、化学、生物兵器のことで、放射能などで汚染された地域でも活動できるような装備が集中的に配備され、そうした事態への対応を準備する。（なお、この一〇一特殊武器防護隊は〇七年度末の時点で「中央特殊武器防護隊」に改編される。基地は同じ大宮である。）

■国際活動教育隊　PKO活動や国際緊急援助隊などの海外任務に当たる隊員を養成する部隊で、静岡県・御殿場にある駒門駐屯地に新たに三階建ての隊舎を建てた。スタッフは八〇人。

〇七年3月末に発足した中央即応集団は、以上の部隊構成で、人員は総数三二〇〇名である。一年後の〇八年3月末には、全国の部隊から募集した高い能力をもつ隊員で編成した「■中央即応連隊」七〇〇名（宇都宮駐屯地）がこれに加わり、総員四一〇〇名規模となる。

以上の部隊構成から見てもわかるように、新たに編成された中央即応集団はPKO領域も活動対象に含むとはいえ、主体は陸上自衛隊の歴史の中ではじめて出現した総合特殊部隊である。

2007年（平成19年）4月19日　木曜日　朝日新聞

自衛隊再編 国際協力を重視

国際平和協力業務への取り組みに伴う主な自衛隊の編成・装備品の変化（防衛白書、04年12月発表の新防衛計画大綱などから作製）

陸上自衛隊

中央即応集団の新編（07年3月）

30～90日で部隊派遣できる体制の構築

● 中央即応連隊＝約700人（宇都宮）

● 国際活動教育隊＝約80人（静岡・駒門）

戦車、大砲の削減　900門／両 → 600門／両

予算総額（単位は円）　1兆2505億（86年度）→ 1兆7922億（96年度）→ 1兆7578億（06年度）

海上自衛隊

大型の輸送艦、補給艦の導入（数字は基準排水量、単位はトン）

輸送艦　あつみ型 1480 → おおすみ型 8900

補給艦　とわだ型 8100 → ましゅう型 13500

作戦用航空機の削減　170機 → 150機

予算総額　7924億（86年度）→ 1兆1185億（96年度）→ 1兆892億（06年度）

航空自衛隊

大型、長距離化した輸送機、空中給油機の導入

C1輸送機、C130輸送機 → KC767空中給油・輸送機、CX次期輸送機

航続距離　CX次期輸送機　C130輸送機　C1輸送機

開発中のCX次期輸送機（防衛省のホームページから）

戦闘機の削減　約300機 → 約260機

予算総額　8693億（86年度）→ 1兆1366億（96年度）→ 1兆1086億（06年度）

自衛隊による主な国際平和協力活動

・PKO・難民救援活動　・国際緊急援助活動　・人道復興支援活動　・テロ対策支援活動　・在外邦人輸送　・大量破壊兵器の拡散防止構想（PSI）

国際社会には冷戦後も複雑な紛争要因が残り、一国での問題解決が難しい。各国の協調が一層求められるなか、国際テロや大量破壊兵器の拡散などの「新たな脅威」に対応するため、政府は従来の国土防衛に加え、今年1月、国際協力業務を自衛隊の本来任務に格上げした。約24万人の自衛隊の組織や活動は、どのように再編されるのか。

（編集委員・谷田邦一）

陸自

ゲリラ・災害…新たな脅威

陸上自衛隊は即応性を高めるため、重厚型から軽量機動型への転換をめざす。冷戦期には外敵が本格侵攻するのに数カ月を要すると考えられたが、「新たな脅威」とされるゲリラや特殊部隊の攻撃、大規模災害などには、遅くとも数日で対応しなければならないからだ。

『朝日新聞』2007年４月19日付の記事

ところがこの特殊部隊を、国際協力のためのＰＫＯ部隊だと紹介した大新聞がある。

朝日新聞は〇六年から「新戦略を求めて」という大型のシリーズ企画を組んできた。毎回、一～二ページの全面を使っての記事である。この世界史の大転換期にあって、この国の針路をどこに定めるかという大テーマに正面から継続的に取り組んだ、その意図はもちろん壮とすべきだし、参考になる記事も少なくない。

ところが〇七年4月19日掲載の自衛隊の動向についての記事には首をかしげざるを得なかった。

メインタイトルは「自衛隊再編　国際協力を重視」となっており、記事中央の図解

「国際平和協力業務への取り組みに伴う主な自衛隊の編成・装備品の変化」の陸自の項では「中央即応集団の新編」が取り上げられている。つまりこの記事では、ＰＫＯを中心とする「国際平和協力業務」に取り組む新たな組織として中央即応集団が位置づけられているのだ。したがって、同集団の司令官に就任した山口浄秀陸将も、「特定の地域に絞らず、世界各地のＰＫＯを調査研究したい」と話したとある。

しかし中央即応集団はＰＫＯ部隊なのだろうか。山口司令官も3月28日の朝霞駐屯地での着任式で、こう訓示しているのだ。

「いつ、何が起きても不思議ではない今日、自衛隊の即応力が試されている。われわれは事態に対応し、それを確実に達成しうる〝所命必遂〟の覚悟で国民の負託に応えねばならない。諸官は武力集団の原点に立ち返り、国際平和、国家国民、部隊、同僚、家族のため、名誉と誇りある部隊を目指し、新たな歴史の創造に向け、チャレンジ精神を持って精進を」（『朝雲』07・4・5）

訓示の中に「武力集団の原点に立ち返り」「名誉と誇りある部隊を目指し」とある。それぞれ過酷な訓練をつんできた有能な隊員で編成された、陸自の史上はじめての総合特殊部隊に対する自負と誇りがここに込められていると見るべきだろう。

〇七年7月に発行された07年版の防衛白書でも、中央即応集団はこう解説されている。

「中央即応集団は、平素、ゲリラや特殊部隊による攻撃などの事態に実効的に対処するための教育訓練を実施し、事態発生時には、事態の態様に応じて隷下の部隊を適切に組み合わせつつ、迅速に対処する部隊である。

また、隷下には、国際平和協力活動を実施する上で必要な教育等を平素から行うための国際活動教育隊（駒門）を保持しており、今後、国際平和協力活動に、迅速かつ継続して部隊を派遣できる体制が強化されていくこととなる」

中央即応集団の主任務が何であるか、これでも明らかだろう。それをまるでPKO対応部隊のように紹介するのは、読者、つまり市民をあざむくものといわざるを得ない。


なお、他の師団や旅団とちがって防衛大臣の直轄部隊となるこの中央即応集団の司令部は、現在は朝霞駐屯地に設置されているが、二〇一二年までに神奈川県のキャンプ座間に移ることになっている。そしてそのキャンプ座間には、〇五年10月末に「2＋2」で合意された「日米同盟――未来のための変革と再編」に従って、米本土ワシントン州の米陸軍第一軍団司令部を改編した統合作戦司令部がやってくる。

中央即応集団の山口司令官の階級は自衛隊では最高位の陸将、世界標準でいえば陸軍中将である。一方、米軍の統合作戦司令部の司令官に就任するのも陸軍中将と見られる。つまり、現場の指揮官としては最高位の中将をともに司令官にいただく司令部が、キャンプ座間で机を並べ、特殊部隊を主力とする日米両軍の兵力を率いて、東北アジアから中東にいたる一帯をにらむ——というのが、現在進行中の日米軍事同盟の今後の見取り図なのである。

V
集団的自衛権とは何か

「北朝鮮の脅威」が、一九九八年のテポドン試射、翌九九年の「不審船」事件をエポックとして、自衛隊の戦略転換にどのようにフル利用されてきたかを前章で見てきた。〇七年2月の合意文書「初期段階の措置」が採択され、六カ国協議が軌道に乗ったその後も、日本政府は依然として「北朝鮮の脅威」を安保政策の上で便利に使っている。安倍晋三首相の指示による「集団的自衛権」行使の見直しである。

※国連憲章で初めて登場した「集団的自衛権」

集団的自衛権というと、いかにも物々しく聞こえるが、その内容は比較的簡単だ。一般に次のように定義される。

――自国と友好・同盟関係にある国が他から武力攻撃を受けたとき、自国は直接攻撃を受けていないにもかかわらず、その国を支援して共に戦うことができるとする国際法上の権利。

ここで重要なのは、自国が直接攻撃を受けていないにもかかわらず、ということだ。それなのに共に血を流して戦うというのだから、実際はたんなる「友好国」の域を越えた軍事同盟関係にある国ということになるだろう。日本にとっては、つまり米国である。

さて、この用語が生まれたのはそんな昔のことではない。第二次世界大戦の末期、国連憲章を制定する過程で生み出された法概念なのだ。

ドイツと日本の敗戦が決定的となっていた一九四四年8月から10月にかけ、ワシントン郊外のダンバートン・オークスに米、英、ソ連、中国の代表が集まり、国連憲章の審議のための原案を作った。「一般的国際機構設立に関する提案」という。

翌四五年2月、米、英、ソの首脳によるウクライナの黒海沿岸の保養地ヤルタでの会談で国連設立のためのサンフランシスコ会議の開催が決まり、4月、連合国五〇カ国の代表がサンフランシスコに集まって国連憲章の条文制定のための討議を行った。そして6月、国連憲章を採択、それぞれの国で批准した後、10月、国連が成立した。

さて、集団的自衛権という用語・概念は、ダンバートン・オークスの原案作成の段階では登場していない。そこでは「武力行使の一般的禁止」がうたわれるとともに、地域紛争においても安全保障理事会の許可がなければ武力を行使してはならないとされていた。

そこから、サンフランシスコでの本討論において、国連結成のリーダーである米国に重大な問題が生じた。というのも、サンフランシスコ会議の直前の四五年3月、米国を中心にラテンアメリカ諸国はメキシコシティ郊外のチャプルテペックで相互防衛援助協定を締結したばかりだったからだ。この協定では、加盟国の一国が武力攻撃を受けたときは、すべての加盟国が自国への攻撃と見なして反撃することになっている。一方、2月のヤルタ会談では、安保理において常任理事国には拒否権を認めることが決まっていた。そのため、かりに安保理でソ連に拒否権を行使されてしまうと、もはや米国も手の出しようがなく、結んだばかりのチャプルテペック協定は完全に空洞化してしまう。

このジレンマを切り抜けるために、米国は「自衛権」という概念を持ち込んだ。この後、とくに米国と英仏の間での激しい論争をへて、最終的に国連憲章第51条に「個別的又は集団的自衛の固有の権利」という文言が書き込まれたのである。これにより、武力行使の禁止を原則としながらも、安保理による集団安全保障の行動がとられるまでは集団的自衛権を発動しての武力行使が認められた。

安倍首相は、自著『美しい国へ』(文春新書、06年)の中で「自然権としての集団的自衛権」と書いている。しかし自然権とは、すべての人に生まれながらにそなわっている基本的人権をさす。それに対して集団的自衛権は、国連憲章を制定する過程で、それぞれの思惑が錯綜する国際関係の中から生み出された、きわめて政治的な用語・概念なのである。

※国連憲章の中での「集団的自衛権」の位置

以上に見たように、集団的自衛権という用語・概念は国連憲章を制定する中で生み出された。では、集団的自衛権は国連憲章の中でどんな位置を占めているのだろうか。以下、少々社会科の授業のようになるが、ご勘弁いただきたい。

国連は、国連憲章の前文が次の有名な書き出し——「われら連合国の人民は、われらの一生のうちに二度まで言語に絶する悲哀を人類に与えた戦争の惨害から将来の世代を救い……」で始まるように、どのようにして世界の平和を確保するかを第一の目的として設立された。

国連憲章は全部で一九章からなるが、このうち平和維持に直接かかわりのある第七章までの章立ては次のとおりだ。

第一章　目的及び原則
第二章　加盟国の地位
第三章　機関
第四章　総会

第五章　安全保障理事会
第六章　紛争の平和的解決
第七章　平和に対する脅威、平和の破壊及び侵略行為に関する行動

このうち第七章の最後、第51条に「集団自衛権」は登場するのである（傍線は筆者。以下、同じ）。

第51条　この憲章のいかなる規定も、国際連合加盟国に対して武力攻撃が発生した場合には、安全保障理事会が国際の平和及び安全の維持に必要な措置をとるまでの間、個別的又は集団的自衛の固有の権利を害するものではない。この自衛権の行使に当たって加盟国がとった措置は、直ちに安全保障理事会に報告しなければならない。（以下、略）

※国連憲章に定められた「集団安全保障」の仕組み

では、この第51条が憲章の中でどんな位置づけになっているかを、次に見ていこう。

第一章・第1条は「国連の目的」である。その1項にはこう記されている。

1　国際の平和及び安全を維持すること。そのために、平和に対する脅威の防止及び除去と侵略行為その他の平和の破壊の鎮圧とのため有効な集団的措置をとること並びに平和を破壊するに至る虞《おそれ》のある国際的の紛争又は事態の調整又は解決を平和的手段によって且つ正義及び国際法の原則に従って実現すること。

「平和に対する脅威」や「平和の破壊」に対しては、国連加盟国がみんなで「有効な集団的措置」をとる、とこの第1条1項は述べている。これが「集団安全保障」といわれるものだ。

次に、第2条「行動の原則」の3項と4項には、こう書かれている。

3　すべての加盟国は、その国際紛争を平和的手段によって国際の平和及び安全並びに正義を危くしないように解決しなければならない。

4　すべての加盟国は、その国際関係において、武力による威嚇又は武力の行使を、いかなる国の領土保全又は政治的独立に対するものも、また、国際連合の目的と両立しない他のいかなる方法によるものも慎まなければならない。

つまり、国際紛争については「平和的手段によって解決する」「武力による威嚇又は武力の行使は慎む」というのが、「行動の原則」とされたのである（この「武力による威嚇又は武力の行使」という用語は日本国憲法9条にそのまま使われている。国連憲章の平和主義と9条をつなぐ水脈がここからも読み取れる）。

しかし、現実にさまざまの矛盾・対立をはらんでいる国際関係においては、どうしても紛争が起こるし、その紛争を「平和的手段」で解決できるとは限らない。

そこで、現実に紛争が起こった際の対処の仕方を決めておく必要がある。それが、「第七章　平和に対する脅威、平和の破壊及び侵略行為に関する行動」だ。「集団安全保障」の具体的な手順を述べた章である。

この第七章の39条から51条にいたる条項を列記すると、次のようになる。

第39条［安保理の任務］平和に対する脅威、平和の破壊、侵略行為の存在を決定し、いかなる措置をとるかを決める。

第40条［暫定措置］関係当事者に勧告し、要請する。

第41条［非軍事的強制措置］経済関係、運輸通信の中断、外交関係の断絶など。
○六年7月の北朝鮮のミサイル連続発射のさい、日本政府が安保理でいち早く主張したのが、この憲章第七章にもとづく制裁決議だった。他の理事国の賛同を得られず非難決議で終わったが、つづく10月の核実験強行のさいはこの七章41条にもとづく制裁決議が採択された。
第42条［軍事的措置］前41条の非軍事的手段だけでは不十分と判断したときは、安保理は陸海空軍による軍事的行動をとることができる。

第43条［兵力使用に関する特別協定］すべての加盟国は、安保理の要請にもとづき、安保理との間で結ぶ特別協定に従って、安保理に対し、兵力、援助、便益の提供を約束する。

第44条［兵力使用のさいの非理事国の決定参加］非理事国が希望したさいの決定への参加。

第45条［空軍割当部隊］加盟国は、合同の国際的軍事行動にただちに対応できるよう、空軍割り当て部隊を待機させる。

第46条［兵力使用計画の作成］軍事参謀委員会の援助を得て安保理が作成する。

第47条［軍事参謀委員会］安保理の常任理事国の参謀総長またはその代表者で構成する。兵力の戦略的指導について責任を負う。

第48条［加盟国の履行義務］加盟国には安保理の決定を履行する義務が課される。

第49条［加盟国の相互援助義務］共同して相互援助に当たる。

第50条［経済問題解決のための協議］安保理のとった行動から経済問題が生じたときは、当事国は安保理と協議して解決する。


以上のような手順を踏んで、安保理は「平和に対する脅威、平和の破壊、侵略行為」を阻止するわけであるが、それには当然時間がかかる。そこで最後に、安保理が「必要な措置をとるまでの間」、武力攻撃を受けた当事国は「自衛権」を発動して自国防衛のために戦うことができるし、またその国と同盟関係にある他の国も「集団的自衛権」を発動して共同して戦うことができる、という第51条が付け加えられたのである。

※「集団的自衛権」条項は限定つきの付属条項

以上に見たように、国連憲章51条に記された集団的自衛権には、何重もの限定がつけられている。

まず第一は、「武力攻撃が発生した場合には」という限定である。したがって、まだ武力攻撃が発生していない段階で、予測にもとづいて先制的に自衛権を行使することは認められていない。

第二に、「安保理が必要な措置をとるまでの間」という限定である。つまり、安保理が行動を起こすまでの間、暫定的な対応として、集団的自衛権の発動が認められているのである。

第三は、安保理への報告義務である。「この自衛権の行使に当たって加盟国がとった措置は、直ちに安保理に報告しなければならない」とある。つまり、安保理と無関係に勝手に行動できるのではなく、常に背後に〝安保理の目〟を意識しながら行動しなければならない、ということである。

そして最後に、この51条の条文の置かれている位置である。すでに見たように、この条項は安保理による国際紛争処理の手順を述べてきた、その末尾に置かれている。その内容も、「安保理が必要な措置をとるまでの間」やむを得ずとることになる暫定的な対応を述べた、いわば付属条項だ。

第七章の本筋は、あくまで安保理による「集団安全保障」のシステムにもとづく紛争処理・紛争解決なのである。「集団的自衛権」はそこに添えられた付属条項にすぎない。

それなのに、国連憲章の全体構成とは無関係に「集団的自衛の固有の権利」という字句だけを引き抜いてきて、集団的自衛権はあたかも「国家の自然権」であり、その行使を認めない国はもはや主権国家とはいえない、といった言い方をするのは、人々をあざむく詐欺的論法といわざるを得ない。しかし、そうした詐欺的弁論によって国家の安全保障政策が決められようとしているのが、いまの日本なのである。

※「保有しているが行使できない」日本の集団的自衛権

以上、国連憲章の中での「集団的自衛権」の位置づけについて見てきた。次に、日本にとっての集団的自衛権について見てゆこう。

まず、日本が集団的自衛権を保有しているかどうかについて。

国連憲章に集団的自衛権は主権国家がもつ「固有の権利」と書かれている以上、日本にもそれがあることは当然として、条約上の法的根拠を見ると、まず一九五一年9月に調印された対日平和条約（サンフランシスコ講和条約）に次の一節がある（傍線は筆者。以下、同じ）。

第5条［国連憲章上の行動原則の受諾］……連合国としては、日本国が主権国として国際連合憲章第五十一条に掲げる個別的又は集団的自衛の固有の権利を有すること及び日本国が集団的安全保障取極を自発的に締結することができることを承認する。

このときは敗戦国の日本はまだ国連に加盟していないが（加盟は一九五六年）、国連憲章51条の集団的自衛権を日本も有することを連合国が承認している。

それも当然のことだった。この対日平和条約は冷戦が熱い戦争となって火を噴いた朝鮮戦争のさなかに締結されたが、これが調印された同じ日に、日本を米国側の陣営に組み込むための日米安全保障条約が調印されているのである。もし日本に集団的自衛権を認めないとなれば、日米安保条約は成立しない。

その日米安保条約は一九六〇年、安倍首相の祖父、岸信介首相の手によって改定されたが、現在も生きているその改定安保条約の前文に、集団的自衛権の保有が次のように確認されている。

……両国が国際連合憲章に定める個別的又は集団的自衛の固有の権利を有していることを確認し……次のとおり協定する。

こうして、日本もまた集団的自衛権をもつことは、国連憲章はじめ対日平和条約や日米安保条約に明記された法的根拠によって確認される。

では、その行使についてはどうだろうか。

一九八一年、社会党・稲葉誠一衆院議員の「集団的自衛権と憲法との関係」についての質問に対し、政府は次のような答弁書を発表している（傍線は筆者）。

国際法上、国家は、集団的自衛権、すなわち、自国と密接な関係にある外国に対する武力攻撃を、自国が直接攻撃されていないにもかかわらず、実力をもって阻止する権利を有しているものとされている。

わが国が、国際法上、このような集団的自衛権を有していることは、主権国家である以上、当然であるが、憲法第9条の下において許容されている自衛権の行使は、わが国を防衛するため必要最小限度の範囲にとどまるべきものであると解しており、集団的自衛権を行使することは、その範囲を超えるものであって、憲法上許されないと考えている。

これより一〇年近く前、一九七二年に、政府は同じ社会党議員の要求にこたえてもっとくわしい〈資料〉を発表しているが、そこでも基本的に同じ論理を展開している。

※法律学の常識から逸脱した安倍首相の集団的自衛権論

以上に見たように、歴代の自民党政府は、集団的自衛権については、日本も保有はしているが、憲法9条の制約によってそれを行使することはできないという見解を保持してきた。

ところがいま、歴代自民党政府が保持してきたこの見解を、正面から突き崩そうとする勢力が政治の表舞台に登場してきた。その先頭に立っているのが、当の自民党政府を率いている安倍首相である。

安倍氏は著書『美しい国へ』でこう書いている。

「現在の政府の憲法解釈では、米軍は集団的自衛権を行使して日本を防衛するが、日本は集団的自衛権を行使することはできない」

「権利があっても行使できない――それは、財産に権利はあるが、自分の自由にはならない、というかつての〝禁治産者〟の規定に似ている」

「禁治産者」というどぎつい言葉を使って、「日本は禁治産者のようなものではないか」とアジる。一国の首相が、とくに安全保障問題という最も理性的な議論と判断が求められる問題で、このような煽動家的な発言を弄《ろう》していいものだろうか。

安倍首相はまた、「権利を有していれば行使できると考える国際社会の通念のなかで、権利はあるが行使できない、とする論理が、はたしていつまで通用するのだろうか」と書いている。

これに対し、こうした議論の立て方こそ「俗論」の典型だとして、豊下楢彦・関西学院大学教授は新著『集団的自衛権とは何か』(岩波新書、07年)の中で、参院憲法調査会での浅田正彦・京都大学教授の見解を紹介している。

国際法の専門家である浅田教授はまず、権利を保持する能力と、権利を行使する能力を峻別するのは法律学では〝常識〟だと述べて、次にスイスやオーストリアがとっている「永世中立」を例にこう解説している。つまり、主権国家であれば、他国と同盟を結ぶ権利は当然保持しているけれども、しかしスイスやオーストリアは自らは他国と同盟を結ばないという選択を行って、「永世中立」を自己に義務づけた。同様に日本が、国際法上は集団的自衛権を保持しているけれども、憲法上行使できないとしていることに、なんら論理的矛盾はない。

安倍首相の集団的自衛権論は、このように法律学の常識から逸脱するとともに、国際社会の現実からも遊離している。それは一見、論理的に見えて、実は自らの政治的願望に引きずられた詭弁に過ぎない。

Ⅵ

9条2項から生まれた「武力行使抑制の法体系」

✳自衛隊は「自衛のための必要最小限度の実力」

集団的自衛権について、先に紹介した一九八一年の政府見解は、それを行使できない理由を、こう述べていた。

――憲法第9条の下において許容されている自衛権の行使は、わが国を防衛するため必要最小限度の範囲にとどまるべきものであると解しており、集団的自衛権を行使することは、その範囲を超えるものであって、憲法上許されないと考えている。

一読してわかるように、この見解は憲法9条の解釈から引き出されている。では、歴代政府は憲法9条をどのように解釈してきたのだろうか。まず条文そのものから見てゆくことにしよう。

確認のために、憲法9条の条文を次にかかげる。

第9条　日本国民は、正義と秩序を基調とする国際平和を誠実に希求し、国権の発動たる戦争と、武力による威嚇又は武力の行使は、国際紛争を解決する手段としては、永久にこれを放棄する。

2　前項の目的を達するため、陸海空軍その他の戦力は、これを保持しない。交戦権は、これを認めない。

この条項の中で現実政治において最大の問題点となったのが、2項の「戦力の不保持」だった。

周知のように、日本の再軍備は朝鮮戦争の勃発直後に出されたマッカーサー指令（一九五〇年7月）による警察予備隊の創設から始まり、二年後の保安隊への改編をへて五四年7月の自衛隊発足へとつづくが、警察予備隊や保安隊の段階では憲法との関係はまだそれほど深刻には問われなかった。警察予備隊も、保安隊も、法律上は国内治安維持のための「警察力」として位置づけられていたからである。

ところが「自衛隊」となって、その性格はがらりと変わった。自衛隊は現実に陸海空軍を擁し、その任務も「直接侵略及び間接侵略に対しわが国を防衛することを主たる任務」（自衛隊法第3条）とする、れっきとした「軍事力」となったからである。

しかし憲法9条2項には「陸海空軍その他の戦力は、これを保持しない」と明確に宣言されている。

憲法は戦力の保持を禁じている。しかし現実には戦力を保持している。

この矛盾を切り抜けるために、自民党政府が考え出した〝論理〟が次のようなものだった。

1主権国家には自衛のための固有の権利があり、その自衛権は日本国憲法においても否定されていない。

2したがって、その自衛権を行使するために保有する必要最小限度の実力は、9条2項で禁じられた「戦力」には当たらない。

3この「自衛のための必要最小限度の実力」が自衛隊である。

自衛隊を〝合法化〟するためのこの論理は、自衛隊発足の年（五四年）の年末に成立した鳩山一郎内閣でつくられたものだが、以後半世紀以上をへた今もこの見解は変えられていない。

いや、変えられないどころか、この憲法と自衛隊についての基本的見解をベースにして、日本独自のさまざまな政府見解や法律が生み出されてゆくのである。

※「自衛権発動の三要件」と「海外派兵」

まず、「自衛のための必要最小限度の実力」である自衛隊は、いつ、どのような場面でその「実力」を行使できるのか、という問題である。自衛権発動の要件という。これについては、一九七二年に政府が提出した〈資料〉にこう述べられている。

憲法9条のもとにおいて許容されている自衛権の発動については、政府は、従来からいわゆる自衛権発動の三要件（わが国に対する急迫不正の侵害があること、この場合に他に適当な手段がないこと及び必要最小限度の実力行使にとどまるべきこと）に該当する場合に限られると解している。

主権国家の固有の権利として自衛権があるからといって、憲法9条の下にある自衛隊はその「実力」を無際限に行使していいのではない、とこの政府見解は言い切っている。自衛権発動の三要件は、わかりやすいように箇条書きにすると、こうなる。

① わが国に対する急迫不正の侵害があること
② これを排除するために他に適当な手段がないこと
③ 必要最小限度の実力行使にとどまるべきこと（一九八五年の政府答弁書）

次に、海外派兵の問題である。一九八〇年の政府答弁書はこう述べている（傍線、筆者）。

ア　従来、「いわゆる海外派兵とは、一般的にいえば、武力行使の目的をもって武装した部隊を他国の領土、領海、領空に派遣することである」と定義づけて説明されているが、このような海外派兵は、一般に自衛のための必要最小限度を超えるものであって、憲法上許されないと考えている。

イ　これに対し、いわゆる海外派遣については、従来これを定義づけたことはないが、武力行使の目的をもたない部隊を他国へ派遣することは、憲法上許されないことではないと考えている。しかしながら、法律上、自衛隊の任務、権限として規定されていないものについては、その部隊を他国へ派遣することはできないと考えている。

この答弁書がつくられた一九八〇年はまだ冷戦が続いており、ＰＫＯによる国際協力もまだ政治課題となっていない。この後八九年末に冷戦終結、九一年1月にイラクのクウェート侵攻が原因となって湾岸戦争が引き起こされ、戦争が終わった後の4月に海上自衛隊の掃海艇六隻がペルシャ湾へ向かう。自衛隊による初めての海外出動だった。

この時期、国連平和協力法（ＰＫＯ法）をめぐって国会で激しい論戦がつづく。論戦は、何とかして自衛隊の海外進出の道をつけようとする政府与党と、それを阻止しようとする野党とのせめぎあいだった。法案は一度は廃案となったものの、再提出されて翌九二年６月に成立、９月には最初の自衛隊ＰＫＯ派遣部隊がカンボジアへ出てゆく。

この法案が審議中だった４月、国際平和協力特別委員会において、工藤法制局長官はこう答弁している。

海外派兵につきまして一般的に申し上げますと、武力行使の目的を持って武装した部隊を他国の領土、領海、領空に派遣することというふうに従来定義して申し上げているわけでございます。このような海外派兵、これは一般に自衛のための必要最小限度を超えるものということで、憲法上許されないと解しておりますが、今回の法案に基づきますＰＫＯ活動への参加、この場合には、ただいま申し上げましたとおり我が国が武力行使をすることとの評価を受けることはございませんので、そういう意味で今回の法案に基づくＰＫＯへの参加というものは憲法の禁ずる海外派兵に当たるものではない、かように考えております。

こうしてこの後、ＰＫＯ法の成立によって、カンボジアからモザンビーク、ザイールと自衛隊の海外派遣が常態化してゆくことになるが、それはあくまで「武力行使」とは断絶した形での派遣だった。

というのも、これまで見てきたように、憲法9条2項の解釈にもとづいて自衛隊は「自国防衛のための必要最小限度の実力組織」であると定義され、したがって自衛権の発動としての戦闘行為も、「急迫不正の侵害」を前に、残された「最後の手段」としてであり、その実力行使も「必要最小限度」にとどめるべきだとされているからである。

したがって、武力行使を目的に武装して海外に出てゆく海外派兵など許されるはずはなく、まして自国が攻撃されているわけでもないのに、集団的自衛権を行使して同盟国のために戦闘行為に突入することなどできるはずはないというのが、自衛隊の発足以来半世紀以上にわたって自民党政府が保持してきた見解なのである。

※自衛隊法に明記された「武力行使の抑制」

以上に紹介してきたような憲法９条と自衛隊に関する政府自民党の見解は、当然、自衛隊の活動にかかわる法律にも投影されてきた。次に、それについて見てゆくことにする。条文の引用が多くなるが、条文に即して確認してゆく必要があるので、読みのスピードを少し落としてお付き合いいただきたい。

まず、基本となる自衛隊法である（傍線は筆者、以下、同じ）。

自衛隊の任務は、第３条にこう示されている。

第３条　自衛隊は、わが国の平和と独立を守り、国の安全を保つため、直接侵略及び間接侵略に対しわが国を防衛することを主たる任務とし、必要に応じ、公共の秩序の維持に当たるものとする。（06年末の改正で２項に国際平和協力活動等を追加）

右の条文のうち、「直接侵略」に対して自衛隊が出動するのを「防衛出動」といい、「間接侵略」や大規模な騒乱が起こった場合などに自衛隊が出動するのを「治安出動」という。つまり、「防衛出動」と「治安出動」、この二つを自衛隊は主たる任務としているのである。

このうち、「治安出動」については後で見ることにして、まず「防衛出動」から見てゆこう。

自衛隊法第76条に、こう書かれている。

第76条　内閣総理大臣は、我が国に対する外部からの武力攻撃が発生した事態又は武力攻撃が発生する明白な危険が切迫していると認められるに至った事態に際して、我が国を防衛するため必要があると認める場合には、自衛隊の全部又は一部の出動を命ずることができる。（以下、略）

これが「防衛出動」についての条文であるが、注意したいのは「防衛出動」を命じるのは内閣総理大臣だということである。総理大臣こそが「自衛隊の最高の指揮監督権を有する」（第7条）からにほかならない。

さて、防衛出動した自衛隊は「敵」を撃退するために、当然、武力を行使することになる。その「防衛出動時の武力行使」を規定しているのが、第88条である。

第88条　第76条第1項の規定により出動を命ぜられた自衛隊は、我が国を防衛するため、必要な武力を行使することができる。

2　前項の武力行使に際しては、国際の法規及び慣例によるべき場合にあってはこれを遵守し、かつ、事態に応じ合理的に必要と判断される限度をこえてはならないものとする。

注目してほしいのは、2項の最後のセンテンスである。武力を行使することができるが、それは「事態に応じ合理的に必要と判断される限度をこえてはならない」。

連想されるのは、先に紹介した「自衛権発動の三要件」である。そこでは、自衛権の発動、つまり自衛隊の武力行使は、急迫不正の侵害に対し、いわば最後の手段として、必要最小限度にとどまるべき、とされていた。一九五四年に自衛隊法が制定された後、その核心である第88条「自衛隊の武力行使」についての歴代政府の〝解釈〟が「自衛権発動の三要件」だったといえる。

こうして自衛隊法に書き込まれた「武力行使の抑制」は、それから半世紀後の二〇〇三年、小泉内閣により最初の有事立法として制定された「武力攻撃事態法」にもそっくり受け継がれた。

「武力攻撃事態」についての定義は、「武力攻撃が発生した事態又は武力攻撃が発生する明白な危険が切迫していると認められるに至った事態」（第2条）と、先に紹介した自衛隊法の76条（防衛出動）にあるのとまったく同一であるが、「武力攻撃事態等への対処に関する基本理念」にも自衛隊法88条にあるのと同じ規定が組み込まれている。

第3条　3　武力攻撃事態においては、武力攻撃の発生に備えるとともに、武力攻撃が発生した場合には、これを排除しつつ、その速やかな終結を図らなければならない。ただし、武力攻撃が発生した場合においてこれを排除するに当たっては、武力の行使は、事態に応じ合理的に必要と判断される限度においてなされなければならない。

「事態に応じ合理的に必要と判断される限度」という表現はたしかに漠然としている。判断する者の立場によって、判断の基準は大きく左右されるだろうし、また戦闘の現場にあっては、実際に砲弾が撃ち込まれ、一帯が火の海と化すなかで、どこまでを「合理的に必要」と判断できるのか、指揮官は悩みに悩むだろう。
が、それにしても、自衛隊法においても、武力攻撃事態法においても、自衛隊による武力行使について「合理的に必要と判断される限度」を越えてはならない、ときびしく制限していることの意味は決して小さくない。自衛隊について考えるさいに銘記しておくべき重要なポイントの一つである。

なお、武力攻撃事態法の制定の前、一九九二年に制定されたＰＫＯ法（国際連合平和維持活動に対する協力に関する法律）には、その「基本原則」の中にこう定められている。

第２条　２　国際平和協力業務の実施等は、武力による威嚇又は武力の行使に当たるものであってはならない。

※周辺事態法での活動範囲は「戦闘行為」のない後方地域

以上に述べた自衛隊法と武力攻撃事態法は、いずれも自衛隊が国内で武力を行使することを前提にしている。自国を防衛するための武力行使に対してもこのようなきびしい制限を課しているのだから、自衛隊が海外に出て行動する場合には、制限は当然いっそうきびしくなる。いや、先に海外派兵についての政府見解でも見たとおり、もともと自衛隊が海外に出て武力行使をすることなどまったく想定されていないのだ。

ところが、冷戦が終わり、一九九一年の湾岸戦争の後の掃海部隊のペルシャ湾派遣を皮切りにPKO法による自衛隊の海外派遣がつづくなかで、自衛隊の「戦場」への接近がはかられることになる。

その最初の一歩が、九七年に日米間で協定された新しい日米防衛協力の指針（新ガイドライン）を法制化した「周辺事態法」だった。

正式名称を「周辺事態に際して我が国の平和及び安全を確保するための措置に関する法律」というこの法律は、九九年5月に成立した。「周辺事態」という新造語は、「そのまま放置すれば我が国に対する直接の武力攻撃に至るおそれのある事態等」をさし、その事態に際して米軍がとる軍事行動に対し、主に自衛隊がどういう支援活動を行うかを定めたものだ。

「周辺事態」という新造語とともに、この法律ではじめて、第二次大戦後、憲法9条の制定とともに法律用語の世界から排除されていた直接戦争にかかわる用語が、この周辺事態法で登場した。「戦闘行為」という用語だ。それはこのように定義された。

――「国際的な武力紛争の一環として行われる人を殺傷し又は物を破壊する行為をいう」

なるほど、人を殺傷し、物を破壊する行為、これが戦闘行為だというのだ。

そしてこの「戦闘行為」という用語を使って、もう一つのキーワードが定義される。「後方地域」だ。

第３条　３項　後方地域　我が国領域並びに現に戦闘行為が行われておらず、かつ、そこで実施される活動の期間を通じ戦闘行為が行われることがないと認められる我が国周辺の公海（排他的経済水域を含む）及びその上空の範囲をいう。

この「後方地域」の定義が、この後につづくテロ特措法やイラク特措法でもそのまま使われることになるが、周辺事態法では、この「後方地域」において自衛隊は主に次の二つの分野で米軍を支援することとされた。

一つは、補給、輸送、修理、医療、通信などを含む物品・役務を提供する「後方地域支援」であり、もう一つが、戦闘行為によって遭難した米軍将兵の捜索・救助活動だ。

この後方地域支援は、昔からある用語を使えば兵站《へいたん》（英語ではロジスティックス）だ。軍隊は、この兵站なしに戦闘をつづけることはできない。兵站活動はつまり、戦闘と一体となった作戦行動の一環だ。しかし周辺事態法では、後方地域支援は「戦闘行為」から極力切り離され、物品・役務の提供においても、「武器・弾薬」の提供は禁止され、また戦闘作戦行動のために発進準備中の航空機には給油・整備は行わないこととされた。

また、遭難した米兵の捜索・救助活動も「当該海域において、現に戦闘行為が行われておらず、かつ、当該活動の期間を通じて戦闘行為が行われることがないと認められる場合に限る」と限定された。

つまり、自衛隊もついに周辺海域に出て米軍と共同作戦行動をとることとなったが、その場合の自衛隊の活動は戦場から遮断された「後方地域」での補給や輸送などの支援活動に限定されたのである。言い換えれば、そこで戦闘行為が始まったら、補給や捜索の最中であっても、さっさと撤退しなければならないということだ。

※テロ特措法とイラク特措法での「戦闘行為」からの避難

周辺事態法の成立から二年後の二〇〇一年9月、世界を震撼させた9・11事件が起こる。対テロ戦争を宣言したブッシュ米大統領に対し、日本の小泉首相はただちに支持を表明、自衛隊を送り出すための法律制定に取り組んだ。事件からちょうど一カ月、10月11日に衆院特別委で審議を開始し、わずか一八日間でテロ特措法は成立する。そして11月9日には補給艦一隻と護衛艦二隻がインド洋に向け佐世保基地を出港した。

先の周辺事態法で自衛隊が活動する地域として想定されていたのは日本周辺の公海だ。今回は遠くインド洋まで行く。そこは現に「戦闘行為」が行われているアフガニスタンに近い。日本の自衛艦が燃料を給油する米国を中心とする各国の軍艦は、すべてアフガンでの「戦闘行為」を支援するためにやってきた軍艦だ。周辺事態法では「想定」のレベルにとどまっていた「戦闘行為」が、ここでは一挙に「現実」となった。

そのため、「戦闘行為」との距離の置き方は、周辺事態法よりもいっそう具体的に記述された。

まず「基本原則」を定めた第2条である。

第2条　政府は、この法律に基づく協力支援活動、捜索救助活動、被災民救援活動その他の必要な措置（以下「対応措置」という）を適切かつ迅速に実施することにより、国際的なテロリズムの防止及び根絶のための国際社会の取り組みに我が国として積極的かつ主体的に寄与し、もって我が国を含む国際社会の平和及び安全の確保に努めるものとする。

2　対応措置の実施は、武力による威嚇又は武力の行使に当たるものであってはならない。

3　対応措置については、我が国領域及び現に戦闘行為（周辺事態法と同文の定義）が行われておらず、そこで実施される活動の期間を通じて戦闘行為が行われることがないと認められる、次に掲げる地域において実施するものとする。

そして第6条では、物品・役務の提供を行う協力支援活動の最中に、その近辺で戦闘が始まったときは、活動を中断して避難するように、と指示している。

第6条　5　第3条第2項の協力支援活動のうち公海若《も》しくはその上空又は外国の領域における活動の実施を命ぜられた自衛隊の部隊等の長又はその指定する者は、当該協力支援活動を実施している場所の近傍において、戦闘行為が行なわれるに至った場合又は付近の状況等に照らして戦闘行為が行なわれることが予想される場合には、当該協力支援活動を一時休止し又は避難するなどして当該戦闘行為による危険を回避しつつ、前項の規定による措置を待つものとする。

「戦闘行為」に近づくな、「戦場」から遠ざかれ、とこれらの条文は繰り返し述べている。

米英軍によるアフガン攻撃は、9・11から一カ月もたたない10月7日に始まり、12月5日にはタリバンの根拠地カンダハルが陥落した。

翌〇二年1月の年頭教書でブッシュ大統領は、イラク、イラン、北朝鮮を「悪の枢軸」と名指しで非難、イラクに対する「先制攻撃」へと前のめりになってゆく。そして翌〇三年3月20日、世界中の反戦の願いを押し切って米英両国はイラク攻撃の火ぶたを切る。

空爆を主体とする米英軍の破壊力は圧倒的だった。4月5日には米英軍はバグダッドを制圧、5月1日にはブッシュ大統領は早くも「戦闘」終結宣言を発表する。しかし、本当の戦争の惨禍は、そこから始まった。

このイラク戦争での日本に対する米国からの要求は「ブーツ・オン・ザ・グラウンド」、陸上部隊の派遣だった。海上自衛隊の派遣に比べ、ずっと困難だ。しかし小泉首相は、開戦の日に緊急記者会見し、「米国のイラク攻撃を理解し、支持する」と表明している。7月下旬には早くもイラクにおける「人道復興支援活動及び安全確保支援活動」を実施するためのイラク特措法が成立した。

その「基本原則」を定めた第2条は、先に引用したテロ特措法の第2条とまったく同文である。つまり、「武力による威嚇又は武力の行使」は禁じる、活動する場所は「戦闘行為」が行われないところに限る、ときびしく規定された。

したがって、テロ特措法と同様、活動を実施している最中に「近傍において戦闘行為が行われるに至った場合」や「戦闘行為が行われることが予測された場合には」活動を「一時休止し、又は避難するなどして」危険を回避せよ、と指示している(第8条5項)。

しかし、ブッシュ大統領の「戦闘」終結宣言後も「戦闘行為」はつづいている。戦闘はむしろイラク中に広がり、イラク全土が「戦場」となった。そうしたイラクに、「戦闘行為」への接近を禁じたイラク特措法の下で陸上自衛隊が出て行くのは、誰が考えても無理な話だった。その点をつかれて、政府は答えに窮した。

「どこが戦闘地域で、どこが非戦闘地域かなんて、私に聞かれたってわかるわけないじゃないですか!」

国会での論戦で小泉首相が吐いた言葉である。自衛隊の最高指揮官である首相の、このほとんどやけくその開き直りによって、翌〇四年1月、陸自のイラク派遣が始まるが、サマーワに入った陸自の部隊が、砂漠の中の宿営地から外へ出ることができず、宿営地の中でひたすら給水作業に取り組むしかなかったのは周知の通りである。

前に見たように、「自衛のための必要最小限度の実力組織」というのが自衛隊の定義だった。自国防衛のための「必要最小限度の実力組織」であるなら、その武力行使も必要最小限にとどめるのが当然だ。まして、海外に出て活動する場合、武力の行使など想定すること自体許されない。したがって、海外に出たら、否応なく武力行使を強いられる状況、つまり戦闘行為（戦場）から完全に遮断されていなくてはならない――。

こうして「武力行使の抑制」が、自衛隊が行動するさいの「基本原則」として、自衛隊法第88条をはじめ武力攻撃事態法、周辺事態法、テロ特措法、イラク特措法など自衛隊の対外活動について定めたすべての法律に書き込まれているのである。

※警察官職務執行法にならった武器使用の規定

次に、自衛隊法第3条に規定された自衛隊のもう一つの任務、「治安出動」に移る。この治安出動を命じるのも、内閣総理大臣である。

第78条　内閣総理大臣は、間接侵略その他の緊急事態に際して、一般の警察力をもっては、治安を維持することができないと認められる場合には、自衛隊の全部又は一部の出動を命ずることができる。

この治安出動にあたって、自衛隊には次のような権限が与えられる。なんと、警察官に準じた権限である。

第89条　警察官職務執行法の規定は、治安出動を命ぜられた自衛隊の自衛官の職務の執行について準用する。

2　前項において準用する警察官職務執行法第7条の規定により自衛官が武器を使用するには、刑法第36条又は第37条に該当する場合を除き、当該部隊指揮官の命令によらなければならない。

ここで、刑法36条と、同37条が登場してきた。この二つがこの後の武器使用規定では出ずっぱりとなる。刑法36条は「正当防衛」、37条は「緊急避難」である。

条文には警察官職務執行法（警職法）第７条とあった。警察官の「武器の使用」についての規定である。

〈警職法〉第７条　警察官は、犯人の逮捕若《も》しくは逃走の防止、自己若しくは他人に対する防護又は公務執行に対する抵抗の抑止のため必要と認める相当な理由のある場合においては、その事態に応じ合理的に必要と判断される限度において、武器を使用することができる。但し、刑法第36条（正当防衛）若しくは同法第37条（緊急避難）に該当する場合又は左の各号の一に該当する場合を除いては、人に危害を与えてはならない。

（「左の各号」に示されているのは、凶悪犯罪の現行犯や、逮捕状を持って逮捕しようとした容疑者が、抵抗したり逃げようとした場合である。）

右の文中、「事態に応じ合理的に必要と判断される限度において」とある。先に自衛隊法88条や武力攻撃事態法でまったく同じ表現を見た。そうか、警察官の武器使用の規定、これが自衛官の武力行使にかかわる規定の一つのルーツだったのだ。

武器の使用に関する規定での刑法36、37条の準用は、このあと自衛隊の対外活動に関して定めたすべての法律に登場する。

※ＰＫＯ法と周辺事態法での「武器使用の制限」

先にもう一度確認しておくが、刑法36条と37条が引かれるのは、「治安出動」の場合であって、「防衛出動」に関してはどこにも出てこない。

理由は簡単だ。「防衛出動」の目的は侵略してきた外敵を撃退するための戦闘であって、それには戦車や火砲、ミサイルも使う。戦闘機や軍艦も出撃する。正当防衛（36条）や緊急避難（37条）とは、武力行使の次元が異なる。まさに「人を殺傷し物を破壊する」のが「戦闘行為」なのだ。ただ憲法9条の下にある自衛隊としては、その場合も無制限に武力を行使してはならず、「事態に応じ合理的に必要と判断される限度をこえてはならない」と自衛隊法で定めているのである。

それに対し、「治安出動」は警察力の補完・補強のための出動である。相手は非武装の民衆だ。したがって、正当防衛や緊急避難に該当する場合を除き、原則として勝手に武器を使用してはならないと決められているのである。

そしてこの「治安出動」に際しての武器使用の原則が、「戦闘行為」を目的としない自衛隊の出動に当たっては準用されることになる。

まず一九九二年に制定されたＰＫＯ法である。

第24条（武器の使用） 前条第１項の規定により小型武器の貸与を受け、派遣先国において国際平和協力業務に従事する隊員は、自己又は自己と共に現場に所在する他の隊員若《も》しくはその職務を行うに伴い自己の管理の下に入った者の生命又は身体を防衛するためやむを得ない必要があると認める相当の理由がある場合には、その事態に応じ合理的に必要と判断される限度で、当該小型武器を使用することができる。

4 前二項の規定による小型武器又は武器の使用は、当該現場に上官が在るときは、その命令によらなければならない。ただし、生命又は身体に対する侵害又は危難が切迫し、その命令を受けるいとまがないときは、この限りではない。

6 ……小型武器又は武器の使用に際しては、刑法第36条又は第37条の規定に該当する場合を除いては、人に危害を与えてはならない。

先に「海外派兵」問題に関連して、このＰＫＯ法案を審議中の国会で工藤法制局長官が行った答弁を紹介した。長官はこう答えていた。

「……今回の法案に基づきますＰＫＯへの参加、この場合には……我が国が武力行使をすることとの評価を受けることはございませんので、そういう意味で……憲法の禁ずる海外派兵に当たるものではない、かように考えております」

次に、一九九九年に制定された周辺事態法である。

この法律の目的は、日本周辺の公海で戦闘状態に入った米軍を、自衛隊が「後方地域」で支援するというものだった。その活動は作戦行動の一環にちがいないが、しかし活動領域は「戦闘行為」から遮断された「後方地域」に限定されていた。

したがって、「戦闘行為」のための武器使用の規定はない。あるのは、あくまで生命・身体防護のための武器使用規定である。

第11条　……後方地域支援としての自衛隊の役務の提供の実施を命ぜられた自衛隊の部隊等の自衛官は、その職務を行うに際し、自己又は自己と共に当該職務に従事する者の生命又は身体の防護のためやむを得ない必要があると認める相当の理由がある場合には、その事態に応じ合理的に必要と判断される限度で武器を使用することができる。

２（注・後方地域捜索救助活動の場合。右の1項とまったく同文）

３　前二項の規定による武器の使用に際しては、刑法第36条又は第37条に該当する場合のほか、人に危害を与えてはならない。

ＰＫＯ法の武器使用規定と、防護対象の説明など細部の違いはあるがほとんど同文といっていいだろう。

※テロ特措法、イラク特措法にも同じ「武器使用制限」

次は、二〇〇一年制定のテロ特措法である。

海上自衛隊が出動していった先はインド洋、その任務は作戦行動中の他国の軍艦に対する燃料の補給だ。これにより、自衛隊は発足以来はじめて「参戦」した。

しかしその活動地域は、周辺事態法と同じく「戦闘行為」から完全に遮断された地域に限定された。さらに、「戦闘行為」に巻き込まれそうになったときは、活動を一時中断して避難すべしとも指示されていた。

当然、武器の使用は生命・身体の防護のためだけに限定される。

第12条　協力支援活動、捜索救助活動又は被災民救援活動の実施を命ぜられた自衛隊の部隊等の自衛官は、自己又は自己と共に現場に所在する他の自衛隊員若《も》しくはその職務を行うに伴い自己の管理の下に入った者の生命又は身体の防護のためやむを得ない必要があると認める相当の理由がある場合には、その事態に応じ合理的に必要と判断される限度で、武器を使用することができる。

2　前項の規定による武器の使用は、現場に上官が在るときは、その命令によらなければならない。ただし、生命又は身体に対する侵害又は危難が切迫し、その命令を受けるいとまがないときは、この限りではない。

3　（略）

4　第1項の規定による武器の使用に際しては、刑法第36条又は第37条に該当する場合のほか、人に危害を与えてはならない。

第１項の防護対象の説明がＰＫＯ法に戻っていることを除けば、後は同法や周辺事態法とまったく同じである。

また、原則として「上官の命令」によるという条項も、周辺事態法では消えていたのが復活している。

さて、最後がイラク特措法である。

活動地域が「戦闘行為」から完全に遮断されていなければならないこと、もしも近くで「戦闘行為」が起こりそうになったときは、活動を中止して避難しなければならないことなど、テロ特措法と同じであるこの法律での武器使用規定も、まったく同じである。

同文と書けばそれですむけれども、あえて引用する。

第17条　対応措置の実施を命ぜられた自衛隊の部隊等の自衛官は、自己又は自己と共に現場に所在する他の自衛隊員、イラク復興支援職員若《も》しくはその職務を行うに伴い自己の管理の下に入った者の生命又は身体を防衛するためやむを得ない必要があると認める相当の理由がある場合には、その事態に応じ合理的に必要と判断される限度で、

第４条第２項第２号ニの規定により基本計画に定める武器を使用することができる。
２　前項の規定による武器の使用は、現場に上官が在るときは、その命令によらなければならない。ただし、生命又は身体に対する侵害又は危難が切迫し、その命令を受けるいとまがないときは、この限りではない。
３　（略）
４　第１項の規定による武器の使用に際しては、刑法第36条又は第37条に該当する場合のほか、人に危害を与えてはならない。

出て行く先は「非戦闘地域」だといっても、全土が戦場となったイラクでは、それは絵空事にすぎない。事実、自衛隊の宿営地には何度も砲弾が撃ち込まれた。そしてそうしたことは、当然、事前に予想されていたから、陸上自衛隊は機関銃や対戦車火器を積んだ装甲車両をつらねてサマーワに入っていった。イラク特措法の武器使用の条文に、これまでのようにたんに「武器」「小型武器」と書かずに、「基本計画に定める武器」と書かれているのはそのためだ。

しかし幸いなことに、自衛隊はそうした兵器を一度も使わないですんだ。二年半にわたり、延べ約五千人の陸上自衛隊員がイラクで「戦場」を体験したが、その間、たずさえていった火器は使用しないで終わった。

どうして使わないですんだのか。理由はこれまでの説明から明らかだろう。自衛隊は全土が「戦場」と化したイラクへ出て行ったけれども、イラク特措法に従って極力「戦闘行為」を回避し、武器の使用についてもきびしく制限していたために、戦闘を強いられることもなく、したがって犠牲者も出さずにすんだのである。

※「武力行使抑制の法体系」

以上に述べてきたように、自衛隊はいくつもの法律において「武力行使」を抑制され、「武器使用」を制限されている。

その源流は、憲法9条と、そこから導き出された自衛隊についての定義（規定）である。こういう定義だ。

――自衛隊は、自衛のための必要最小限度の実力組織である。

この定義が定まるのは自衛隊の発足から少し後になるが、自衛隊法には同様の考え方に従って「防衛出動」時の「武力行使の抑制」（88条）と、「治安出動」時の「武器使用の制限」（89条）が書き込まれた。

「武力行使」については、まず自衛隊法に「事態に応じ合理的に必要と判断される限度をこえてはならない」と規定され、半世紀後の武力攻撃事態法にも「基本理念」としてまったく同じ規定が組み込まれた。

この武力行使抑制の原則は、自衛隊の海外出動にともなう法律になると、一段と徹底される。

まず周辺事態法において、自衛隊が活動できるのは「現に戦闘行為が行われておらず、かつ、そこで実施される活動の期間を通じ戦闘行為が行われることがないと認められる」「後方地域」に限る、と規定された。つまり、武力行使を強いられるような場面に遭遇することと自体を禁じたのだ。

次にこれがテロ特措法とイラク特措法になると、自衛隊の活動地域について周辺事態法と同じ規定を書き込んだ上に、さらに戦闘行為が近づいてきたときには活動を一時中断し、避難するように、という指示まで加えられた。

「支援活動を実施している場所の近傍において、戦闘行為が行われるに至った場合又は付近の状況等に照らして戦闘行為が行われることが予想される場合には、当該支援活動を一時休止し又は避難するなどして当該戦闘行為による危険を回避しつつ」防衛大臣からの指示を待て、というのである。

このように、憲法9条を源流として、自衛隊法から周辺事態法、武力攻撃事態法、テロ特措法、イラク特措法と、自衛隊の活動に関する法律のすべてに「武力行使の抑制」が規定されている。自衛隊が戦時に海外に出ることを前提にした法律では、それは〝武力行使からの逃走〟とも言えるほど、戦闘行為に巻き込まれることを神経質に避けている。自国防衛においても、必要以上の武力行使は行わない。戦時に海外に出るときは、間違っても武力行使を強いられるようなところには近づかない。これが、法律から見た自衛隊なのである。

一方、「武器使用の制限」は自衛隊法89条から始まるが、それは実は警察官職務執行法第7条をモデルにしたものだった。この場合の自衛隊は「治安出動」、つまり警察力としての出動だから、警職法を準用したのは当然ともいえるが、ここに引かれた刑法36条（正当防衛）と37条（緊急避難）は、この後、武力攻撃事態法を除くすべての法律で準用されることになる。

まずPKO法だ。前に見たように、「基本原則」においてここでの活動は「武力による威嚇又は武力の行使に当たるものであってはならない」と規定されている。したがって武器の使用は、自分と自分の同僚、また自分の管理下にある者の身を守るためだけに限られることになる。それも、刑法36条、37条に該当する場合を除いて「人に危害を与えてはならない」。

次いで、周辺事態法でも、基本的に同じ武器使用制限が加えられる。ここでの活動はPKOとは異なり、米軍支援の作戦行動の一環であるが、活動地域を「戦闘行為」から遮断された「後方地域」に限定し、支援活動も「戦闘行為」と直接には結びつかないものに限るとしたため、武器の使用も生命・身体防護のためだけに限定したのである。

同様の規定は、テロ特措法、イラク特措法でも適用される。どちらも戦時下のインド洋、イラクへの出動だったが、「戦闘行為」から遠ざかることを活動の大前提としたため、武器の使用も自分たちの生命・身体の防護以外には考えられないこととなった。

こうして、自国防衛のための「防衛出動」、武力攻撃事態法での「武力攻撃事態への対処」を除いて、海外に出る自衛隊に対しては、武器の使用に関して、刑法の正当防衛、緊急避難に当たる場合を除いて「人に危害を与えてはならない」というきびしい制限が課さ

武力行使抑制の法体系

憲法第9条（1946年）
戦争と、武力による威嚇・武力の行使を永久に放棄
陸海空軍その他の戦力は保持しない

（自衛隊の定義）　自衛のための必要最小限度の実力組織

※刑法36条は正当防衛
刑法37条は緊急避難

自衛隊法（1954年）

（89条）治安出動時の武器の使用
警職法7条の規定に準じる。刑法36条、37条該当の場合のほか人に危害を与えてはならない

ＰＫＯ法（1992年）
武器の使用は自己と同僚などの身体・生命を防護する場合に限り認められる
但し、刑法36、37条に該当する場合を除き人に危害を与えてはならない

周辺事態法（1999年）
武器の使用は自己と同僚などの身体・生命を防護する場合に限り認められる
但し、刑法36、37条に該当する場合を除き人に危害を与えてはならない

テロ特措法（2001年）
武器の使用は自己と同僚などの身体・生命を防護する場合に限り認められる
但し、刑法36、37条に該当する場合を除き人に危害を与えてはならない

イラク特措法（2003年）
自己と同僚などの身体・生命を防衛するためやむをえない場合に限り基本計画に定める武器を使用できる。
但し、刑法36、37条に該当する場合を除き人に危害を与えてはならない

（88条）防衛出動時の武力行使
事態に応じ合理的に必要と判断される限度をこえてはならない

周辺事態法（1999年）
対応の基本原則：武力による威嚇・武力の行使に当たるものであってはならない
戦闘行為がなく、当面は起こらないと認められる後方地域に限り、米軍への後方地域支援活動を行う

武力攻撃事態法（2003年）
対処に関する基本理念：武力の行使は、事態に応じ合理的に必要と判断される限度においてなされなければならない

テロ特措法（2001年）
対応措置の実施：武力による威嚇・武力の行使に当たるものであってはならない
活動の地域：戦闘行為がなく、当面は起こらないと認められる地域に限られる。戦闘行為が接近した場合は活動を一時休止、あるいは避難して危険を回避し、次の指示を待つ

イラク特措法（2003年）
対応措置の実施：武力による威嚇・武力の行使に当たるものであってはならない
活動の地域：戦闘行為がなく、当面は起こらないと認められる地域に限られる。戦闘行為が接近した場合は活動を一時休止、あるいは避難して危険を回避し、次の指示を待つ

れた。

以上、自衛隊にかかわる法律をつらぬく「武力行使の抑制」と「武器使用の制限」を合わせて、私は「武力行使抑制の法体系」と名付けてみた。

系統図にすると、前ページのようになる。

法律はむろん国会で審議され、国会での採決によって制定されたものだ。直接かかわったのは国会議員である。しかしその背後には世論があった。もう二度と戦争はごめんだ、他国の戦争に介入してはならない、という思いが国民の間に広く浸透しており、それが野党の主張を通して国会に投影されていた。

一方、結党以来、憲法9条の改変を党の方針としてかかげる自民党は、政権党として自衛隊の増強を着々とすすめるとともに、日米軍事同盟の強化をはかってきた。とくに、冷戦が終結し、湾岸危機の発生とともに九〇年代の幕が上がると、米国からの要請もあって自衛隊を海外に送り出したいという衝動が一気に強まり、野党との間で激しい論戦を重ねた。

そのせめぎあいの末、ＰＫＯ法の制定につづいて周辺事態法、武力攻撃事態法の制定、あわせて自衛隊法の大改定が行われ、９・11の後にはテロ特措法、イラク特措法が制定され、自衛隊の「参戦」が実現した。自民党の念願は一応かなった。

ところが振り返ってみると、ＰＫＯ法からイラク特措法までのすべての法律に、「武力行使抑制」「武器使用制限」の原則が条文として埋め込まれていた。国外に出る自衛隊は、最新兵器で武装はしているものの、「戦わない軍隊」「戦うことのできない軍隊」なのだ。だからこそ、五千人もの陸上自衛隊員がイラクの土を踏みながら、ただの一人も死傷者を出すことなく帰還できたのだ。

自衛隊員の身体・生命を守ったのは、「武力行使抑制」の原則につらぬかれたイラク特措法、さらにいえば「自衛隊は自衛のための必要最小限度の武力しか行使できない」という自衛隊の「定義」を生み出した憲法９条だったのである。

しかし、そうした自衛隊の現状に苛立ち、何とかして自衛隊に関する法律から「武力行使抑制」の原則を追放したいと考える人たちがいる。その先頭に立つ安倍首相が、「武力行使抑制の法体系」をくつがえす突破口を開く爆薬として持ち出してきたのが、「集団的自衛権」だった。

そこで次の最終章では、安倍首相が集団的自衛権の行使が当然認められるべきだとして提起した四つのケース（四類型）について検討してみよう。

Ⅶ

「集団的自衛権」行使の「四類型」を検討する

※初めから結論ありきの「有識者懇談会」

〇七年4月25日、政府は、首相の諮問機関として設置した「安全保障の法的基盤の再構築に関する懇談会」（通称、有識者懇談会）のメンバーを正式発表した。柳井俊二・前駐米大使を座長に、一三人で構成される。

「高い識見と現実的な考え方をもつ方にお集まりいただいた」と当日夜、安倍首相は記者団に満足げに語ったというが（朝日、07・4・26）、一三人中の一二人はすでに論文や国会での参考人意見などで集団的自衛権の行使について見直すべきだと主張していた。共同通信の取材に対し、「簡単には言えない」と答えたのは村瀬信也・上智大教授だけだったという。

村瀬氏は国際法学者で、この懇談会が発足した翌月に発行された、「気鋭の国際法学者一〇名」（本のオビから引用）の論文で構成される専門書『自衛権の現代的展開』（東信堂）の編者をつとめ、自らも巻頭の論文を執筆している。その村瀬氏一人を除いて、あとは全員、見直し派であることがわかっていた。始める前から結論が見えている、子供だましのような懇談会だ。

どんな「有識者」がこの懇談会に参加していたか、後々のためにも紹介しておこう。

■柳井俊二（座長：前駐米大使）
岩間陽子（政策研究大学院大准教授、国際政治）
岡崎久彦（元駐タイ大使）
葛西敬之（ＪＲ東海会長）
北岡伸一（東大大学院教授、日本政治外交史）
坂元一哉（大阪大大学院教授、国際政治）
佐瀬昌盛（防衛大学校名誉教授、国際政治）
■佐藤　謙（元防衛事務次官）
■田中明彦（東大教授、国際政治）
中西　寛（京大教授、国際政治）
西　　修（駒沢大教授、憲法）
■西元徹也（元自衛隊統合幕僚会議議長）
村瀬信也（上智大教授、国際法）

右のうち■をつけたのは、小泉前首相の私的諮問機関「安全保障と防衛力に関する懇談会」（通称、安保・防衛懇）のメンバーだった人たちである。

この「安保・防衛懇」は、国の防衛政策についての基本方針である「防衛計画の大綱」を改定するために〇四年4月に設置された。〇五年度から実施に移された「防衛大綱」を作る下敷きとなったのが、この「安保・防衛懇」の報告書だったのである（詳しくは拙著『変貌する自衛隊と日米同盟』高文研、参照）。

今回の「有識者懇談会」には、この「安保・防衛懇」の一〇名のメンバーのうち、座長の柳井前駐米大使を含めて四名が参加している。安倍首相は、勝手にメンバーを集めて作った懇談会を使って自らの政策を実現してゆくという小泉前首相の政治手法にならうとともに、そのメンバーまで共用したわけである。

なお、この懇談会が「法的基盤の再構築」を目的にかかげているにもかかわらず、法学者は先の村瀬氏と西氏の二人だけしか入っていない。この国の法学者は信頼するに足りないとでもいうのだろうか。

※軍事的非常識と政治的非常識

さて、安倍首相が検討課題として示した「四類型」である。

まず第一は、「米国に向けて発射された弾道ミサイルを自衛隊のミサイル防衛（ＭＤ）システムで撃ち落とすのは、集団的自衛権の行使になるのでできないというが、これについてどう考えるか」という問題だ。

法的検討に入る以前に、軍事技術についての理解の程度が引っかかる。この設問から浮かんでくるのは、たとえばこんな問答だ。

Ａ（空を見上げて）「あ、ミサイルが飛んでいく」

Ｂ「あの方向だと米国へ向かっているんじゃないか？」

Ａ「大変だ！　撃ち落とさなくっちゃ！」

第二次大戦のころなら、こんな話もあり得たかもしれない。しかし現代の弾道ミサイルでは、こういうことはあり得ない。だいいち、飛んでいるミサイルは、人間の目には見えないのだ。

垂直に打ち上げられた弾道ミサイルは、ロケットエンジンによって大気圏をつきぬけると（ブースト段階）、大気圏外（宇宙空間）を定められた方向に向かい慣性によって飛行し（ミッドコース段階）、目標地点に近づいたところで再び大気圏に突入する（ターミナル段階）。

このうち宇宙空間を飛んでいるときのスピードは音速（秒速三三〇メートル）の一〇倍

から二〇倍という。つまり秒速三・三キロから六・六キロだ。文字どおり目にはとまらない速さである。

想定されている敵ミサイルは、北朝鮮のテポドン2だ。それに備えて海上自衛隊のイージス艦は、米第七艦隊のイージス艦とともに日本海でミサイル防衛の演習をやっている。テポドンを迎撃するのは、そのイージス艦のミサイル、SM3だ。このSM3で、ミッドコース飛行に入ったテポドンを撃ち落とす。

ところで、北朝鮮と日本の距離はざっと一〇〇〇キロ、ミッドコース飛行に入ったテポドンが日本上空に来るのは一五〇秒から三〇〇秒、つまり二分半から五分だ。このわずかな時間に、米軍の早期警戒衛星からテポドンの発射に関する情報を受け取り、そこから正確な方向と飛行予定距離を割り出し、間違いなく米本土に向かっていることを確認してSM3に必要情報をセットした上で、当然ながら遅れて発射し、超高速で遠ざかるテポドンに追いついて撃破する——。しかもこのわずか数分の間に、国家の命運にもかかわる重大な決定を、だれが、どの段階で下すのか、という問題もある。

こんな神業《わざ》が、はたして現実に可能だろうか。アニメの世界だけで通用する話ではないか。

もう一つ、見逃せない問題がある。北朝鮮が、いったい何を目的に、いかなる利得を求めて、米国に向かってミサイルを発射するのか、という問題である。

北朝鮮と日本との関係でも、この最も肝心な問いが抜け落ちていたことを前に指摘したが（70ページ）、米国との関係ではこの問いはさらに説明のつかないことになる。

北朝鮮にとって、米国にミサイルを撃ち込んで得られるものはまったく考えられない。それどころか、北朝鮮が一発のミサイルを撃ち込めば、一〇〇発どころか三〇〇発、五〇〇発の返礼を受けるだろう。人類史上、そんな愚行をしでかした国は一つもない。

ましていま、北朝鮮と米国は六カ国協議において、半世紀に及んだ潜在的戦争状態を解消しようとしている。この半世紀で最良の関係に入ろうとしている。

そんな状況を知らないはずはないのに、北朝鮮が米国に向けて撃ったミサイルを自衛隊が撃ち落とすことをどう考えるか、などという問題を今の時点でわざわざ設定する。政治指導者としての良識を疑わざるを得ない。

※自衛隊法違反＝憲法違反の「武力行使」

法的検討に移ろう。
前章で述べたとおり、自衛隊が武力を行使できるのは、自衛隊法に規定された「防衛出動」のときだけである。

では、どういう場合に防衛出動するかといえば、「我が国に対する外部からの武力攻撃が発生した事態又は武力攻撃が発生する明白な危険が切迫していると認められるに至った事態」に直面した場合である（一二六ページ）。

〇三年に制定された武力攻撃事態法にも、まったく同様のことが規定されている。

そのことを、歴代政府は「自衛権発動の三要件」として簡潔に言ってきた。①わが国に対する急迫不正の侵害があること、②これを排除するために他の適当な手段がないこと、そして③必要最小限度の実力行使にとどまるべきこと、の三つである。

以上の法律に明記された規定を考えれば、自国の上空、といっても宇宙空間を飛んでゆく他国のミサイルに対して、自衛隊が武力を行使することができるはずはない。もし強行すれば、国家の一機関が、自ら国法を犯すことになる。

どうしても可能にしたいというなら、自衛隊法76条、そしてわずか四年前に制定したばかりの武力攻撃事態法を変えるしかない。

しかし、自衛隊法76条は、これも前に見たとおり、憲法9条2項の解釈から生まれたものだ。したがって自衛隊法76条を変えるとなると、憲法9条2項を変えるか、抹消するかしなくてはならない。

つまり、自国に向かって飛んできたのではない他国のミサイルを撃ち落とすためには、憲法9条を変えるしかないのである。

※日米安保条約をも踏み外す公海上での米艦援護の武力行使

次は、「公海上で、自衛艦が米軍艦と並んで航行しているとき、米艦が攻撃を受けたのに対し、自衛艦は応戦できないのか」という設問だ。

これもまず、軍事的非常識と政治的非常識が引っかかる。横須賀を母港とする米第七艦隊の駆逐艦や巡洋艦はほとんどがイージス艦になりつつある。

では、イージス艦はどれほどの能力を保有しているのか。最大の特徴はその高性能のレーダー・システムだ。探知範囲は半径五〇〇キロに及ぶという。かりに東京湾に浮かべると、西は京都、大阪まで、北は盛岡くらいまで、つまり本州の三分の二ほどの範囲をカバーできる。

しかも、一〇〇基近いミサイル発射装置を備えており、四方から接近してくる一〇個以上の飛行物体を同時にミサイルで迎え撃って撃墜できるという。

これが現代の米海軍の軍艦だ。能力の劣った他国の軍艦や航空機が接近して砲弾やミサイルを撃ち込める可能性はまずない、と言える。一緒に並んで走っていた米海軍の軍艦が砲撃を受けました、さあ自衛艦はどうしますか、という設問自体、第二次大戦レベルの問題でしかない。

それと、先の設問についても述べたが、ずば抜けた軍事超大国・米国の軍艦に攻撃を仕掛ける国が、どこにあるだろうか。そんな愚かな国が存在するはずがない。いや、危険なのは国ではない、テロリスト集団だと言う声には、テロ集団が武装した軍隊や軍艦に正面から攻撃を加えることなどあり得ない、とだけ答えておこう。

さて、この設問の法的検討だが、基本的には前の設問に対する答えと同じだ。つまり、自衛隊法、さらには憲法9条を変えることなしに自衛艦が武力を行使できないのは明らかである。

さらに、前に引用したテロ特措法には、次の規定があった。

〈テロ特措法〉第6条5（捜索救助活動の）協力支援活動のうち公海若《も》しくはその上空又は外国の領域における活動の実施を命ぜられた自衛隊の部隊等の長又はその指定する者は、当該協力支援活動を実施している場所の近傍において、戦闘行為が行なわれるに至った場合又は付近の状況等に照らして戦闘行為が行なわれることが予想される場合には、当該協力支援活動を一時休止し又は避難するなどして当該戦闘行為による危険を回避しつつ、前項の規定による措置を待つものとする。

つまり、支援活動をやっている近くで戦闘行為が生じたら、活動を止めてただちに避難しなければならない、と指示しているのだ。

攻撃を受けた米艦は、言うまでもなくただちに反撃を開始するだろう。つまり、戦闘行為が起こる。そんなとき、テロ特措法では、すぐに避難せよ、と命じている。イラク特措法でも、まったく同じだ。その理由は、戦闘行為に巻き込まれれば、自衛隊も否応なく武力行使を強いられてしまうことになり、自衛隊法に違反し、憲法9条に違反してしまうからだ。

戦闘行為が起こったら、ただちにその場を離れるように、と既存の法律は指示している。それなのに、この設問は、逆にその場にとどまって、米艦をたすけて武力行使に突入するのはどうか、と問うている。既成の法律に照らす限り、この問いはばかげている。

なお、この問いには日米安保条約もかかわってくる。第5条だ。

〈日米安保条約〉第5条［共同防衛］各締約国は、日本国の施政の下にある領域における、いずれか一方に対する武力攻撃が、自国の平和及び安全を危うくするものであることを認め、自国の憲法上の規定及び手続きに従って共通の危険に対処するように行動することを宣言する。（2項は略）

「日本国の施政の下にある領域における、いずれか一方に対する武力攻撃」があった場合に、両国は共同防衛行動をとるのだと明記されている。日本の領海を離れた公海上での共同武力行使は、この安保条約から逸脱することになる。それでも公海上で共同で武力を行使したいのなら、日米安保条約を改定するしかない。

※「武器使用制限」の撤廃をめざす設問

三つ目の設問は、「多国籍軍による人道復興支援やＰＫＯで共に行動する他国軍が攻撃を受けた際に、自衛隊が武器をとって反撃することはできないか」というものだ。

これについても、二番目の設問について述べたことを繰り返すしかない。自衛隊が海外に出て武力行使をすることは、現在の法体系ではきびしく排除されているからだ。

加えてさらに、武器使用の問題もある。

武器の使用における制限規定は、自衛隊を海外に送り出すための最初の法律、ＰＫＯ法で定められた。

〈ＰＫＯ法〉第24条　……派遣先国において国際平和協力業務に従事する隊員は、自己又は自己と共に現場に所在する他の隊員若《も》しくはその職務を行うに伴い自己の管理の下に入った者の生命又は身体を防衛するためやむを得ない必要があると認める相当の理由がある場合には、その事態に応じ合理的に必要と判断される限度で、当該小型武器を使用することができる。

6　……小型武器又は武器の使用に際しては、刑法第三十六条又は第三十七条の規定に該当する場合を除いては、人に危害を与えてはならない。

この後に制定された周辺事態法、テロ特措法、イラク特措法にも、まったく同文の武器使用制限規定があることは前章で見た。

要するに、ＰＫＯ活動などでは、自分や同僚などの身体・生命を防護するためだけにしか武器を使ってはならない、と決められている。さらに、正当防衛や緊急避難に該当する場合を除いて、人に危害を与えてはならない、とされている。

つまり、海外へ出た自衛隊は、法律でいう「戦闘行為」――「人を殺傷し、物を破壊する行為」のために武器を使用することは許されていないのだ。

それなのに、近くで外国の部隊が攻撃されたからといって、陸自の部隊が駆けつけて武器を使って撃退するなどということができるはずがない。

いや、それはまずい、自衛隊も海外に出て武器を使って戦えるようにすべきだというなら、少なくともＰＫＯ法以後の法律を変えなくてはならない。それも結局は、憲法９条の改変に行きつくのだが。

※法律の禁止事項「武器・弾薬の提供」を再検討させる意味

最後の設問は、「多国籍軍などへの自衛隊の後方支援で、武器・弾薬を輸送したり、発進準備中の爆撃機や戦闘機に給油することはできないか」というものだ。

現在の法律では、できないに決まっている。前章で見たように、周辺事態法では米軍に対する自衛隊の「後方地域支援」で、米軍に提供する物品および役務の種類を示した「別表」第一、第二のそれぞれに、「備考」としてこう明記している。

一　物品の提供には、武器（弾薬を含む。）の提供を含まないものとする。

二　物品及び役務の提供には、戦闘作戦行動のために発進準備中の航空機に対する給油及び整備を含まないものとする。

テロ特措法に付けられた「別表」にもこれとまったく同文の「備考」が書き込まれているし、またイラク特措法にも、自衛隊が行う支援活動のうち、武器・弾薬の提供、戦闘作戦行動のため発進準備中の航空機には給油及び整備は行ってはならないとされている。

このように、設問に例示された自衛隊の支援活動は、既成の法律、それも制定されてからまだ数年しかたたない新しい法律に、わざわざ特記事項としてその禁止が明記されているものだ。

それなのに、これができないものかどうか、検討してほしいと投げかけるのは、何とかしてできるようにしたい、その方法を考えよ、と言っているに等しい。

※「武力行使抑制の法体系」への真正面からの挑戦

以上に見てきたように、安倍首相が「有識者懇談会」に与えた四つの検討課題は、もしそれを可能にするとなると、私が前章で述べた「武力行使抑制の法体系」を根底からくつがえすことになる、という性質のものだ。

「武力行使抑制の法体系」は、憲法9条2項で「陸海空軍その他の戦力」の保持が禁じられているにもかかわらず、自衛隊が創設されたことから発生した。自衛隊をつくりだした、当の保守政党によって、自衛隊は「自衛のための必要最小限度の実力組織」と定義され、したがって自衛隊法にも、わが国への武力攻撃事態が生じたとき、内閣総理大臣の命《めい》によって防衛出動した自衛隊は武力を行使することができるが、その場合も「事態に応じ合理的に必要と判断される限度をこえてはならない」と規定された。

治安出動時の武器の使用も、警察官職務執行法に準じて規定され、刑法36条の正当防衛、同37条の緊急避難に該当する場合を除いて「人に危害を与えてはならない」ときびしく限定された。

自衛隊法の「武力行使の抑制」の原則は半世紀後の武力攻撃事態法にもそのまま受け継がれ、一方、「武器使用の制限」の原則は、自衛隊が海外に出る際の法律――ＰＫＯ法から周辺事態法、テロ特措法、イラク特措法などに例外なく埋め込まれた。

こうした憲法９条を源流とする「武力行使の抑制」「武器使用の制限」の法の流れを、合わせて私は「武力行使抑制の法体系」と名付けた。

憲法９条は、一本杉のように単独で立っているのではない。沖縄で見るガジュマル（榕樹）の木のように、幹から何本もの気根を派生させ、それらとともに自らをささえているのだ。

今回、安倍首相が「有識者懇談会」に検討をゆだねた四つの設問は、この「武力行使抑制の法体系」に真正面から挑戦するものである。マスメディアの報道の中には、「懇談会」の検討の目的は「解釈の見直し」あるいは「解釈の変更」だと述べているものもあったが、解釈変更などですむ性質の問題ではない。法律で明確に禁じられていることを、できるようにしたい、というのだから、法律そのものを変える以外に方法はないのだ。それも、一つや二つの法律ではなく、憲法９条を含め「武力行使抑制の法体系」全体を改変することになる。

そしてそのことを、だれよりもよく承知しているのが、安倍首相自身だ。「有識者懇談会」の正式名称が、そのことをはっきり示している。

「安全保障の法的基盤の再構築に関する懇談会」

つまり、既成の安全保障についての法体系、具体的には自衛隊の武力行使を抑制している法体系を、一度壊して再構築するための懇談会、ということだ。そしてその突破口を開くために持ち出されたのが、集団的自衛権だったわけである。

※またも使われた政治的フィクション「北朝鮮の脅威」

しかし、こんなに重大な問題の検討を、自分の意見に同調するものだけを集めた、したがって初めから結論の見えている懇談会にゆだねていいものだろうか。

前章で見てきたように、「武力行使抑制の法体系」は憲法論議をはじめとして国会での論戦をへてつくりあげられてきたものだ。しかも、法案づくりの主体となったのは、安倍首相の祖父や父を含め政権を担ってきた自民党の政治家たち、つまり首相の先輩の政治家たちだ。

そうした先輩政治家たちがつくり上げてきた法体系を、きわめて偏頗《へんぱ》なメンバー構成の、文字どおり「私的」な懇談会を使って根底からくつがえそうとする、このような政治手法が、与党の政治家たちの目から見ても、はたして許されるのだろうか。

安倍首相がめざしているのは、この半世紀もの間、自衛隊のあり方を規定してきた「武力行使抑制の法体系」を根底からくつがえす法改正だ。国家のあり方の根幹にかかわるこの重大な法改正に、首相は好みのメンバーを集めた「私的諮問機関」を設置することから着手した。それは何か「私兵」を使った「憲法の乗っ取り」のようにも見える。

そして最後に――今回の集団的自衛権の見直しの口実に使われたのが、またしても「北朝鮮の脅威」だった。

安倍首相が「有識者懇談会」の第一回会合のあいさつで「我が国の安全保障環境は格段に厳しさを増している」と言い、その要因として「北朝鮮の核開発や弾道ミサイルの問題」

を挙げたことは本書の冒頭で紹介した。

また、首相が「懇談会」に検討を指示した「四類型」の最初の設問、米国へ向かう弾道ミサイル撃墜の問題でも、ミサイルを発射するのは北朝鮮と想定されていた（北朝鮮と国名は示されていないが、北朝鮮以外に考えられない）。

予断と偏見を捨てて冷静に考えれば、北朝鮮が米国に向かって弾道ミサイル攻撃をかけることは、万が一にもあり得ない。軍事技術的にも、政治的にも、北朝鮮による米国攻撃は、百パーセントあり得ない。

その百パーセントあり得ない事態を想定して、集団的自衛権を行使できなければ攻撃された米国を見捨てることになり、日米関係を損なうことになりますよ、と人々を不安がらせる。杞憂《きゆう》という言葉は、中国の昔、杞《き》の国の人が天が落ちてきはしないかと心配したことから生まれた。北朝鮮による米国攻撃も、この天が落ちてくる心配と同じだ。

「北朝鮮の脅威」は、本書で証明したように政治的フィクションである。冷戦の終結により、ソ連という仮想敵を失った防衛庁・自衛隊の幹部たちと、憲法9条2項の抹消により日本を軍事国家として確立させたいと願う政治勢力によって作り出された政治的フィクションである。

この政治的フィクションが、現在の「防衛大綱」の二大戦略目標である「ミサイル防衛」と「対ゲリラ戦」を作り出したのにつづいて、いままた「武力行使抑制の法体系」をくつがえすのに使われているのである。

フィクションに絡《から》め取られない理性的判断が、いまほど求められている時はない。

❖六カ国協議「合意文書」初期段階の措置（仮訳）

二〇〇七年二月一三日

第五回六者会合第3セッションは、北京において、中華人民共和国、朝鮮民主主義人民共和国、日本国、大韓民国、ロシア連邦及びアメリカ合衆国の間で、二〇〇七年二月八日から一三日まで開催された。

武大偉中華人民共和国外交部副部長、金桂冠朝鮮民主主義人民共和国外務副相、佐々江賢一郎日本国外務省アジア大洋州局長、千英宇大韓民国外交通商部朝鮮半島平和交渉本部長、アレクサンドル・ロシュコフ・ロシア連邦外務次官及びクリストファー・ヒル・アメリカ合衆国東アジア太平洋問題担当国務次官補が、それぞれの代表団の団長として会合に参加した。

武大偉外交部副部長が、会合の議長を務めた。

Ⅰ．六者は、二〇〇五年九月一九日の共同声明を実施するために各者が初期の段階においてとる措置について、真剣かつ生産的な協議を行った。六者は、平和的な方法によって朝鮮半島の早期の非核化を実現するという共通の目標及び意思を再確認するとともに、共同声明における約束を真剣に実施する旨改めて述べた。六者は、「行動対行動」の原則に従い、共同声明を段階的に実施していくために、調整された措置をとることで一致した。

Ⅱ．六者は、初期の段階において、次の措置を並行してとることで一致した。

1．朝鮮民主主義人民共和国は、寧辺の核施設（再処理施設を含む。）について、それらを最終的に放棄することを目的として稼働の停止及び封印を行うとともに、IAEAと朝鮮民主主義人民共和国との間の合意に従いすべての必要な監視及び検証を行うために、IAEA要員の復帰を求める。

２．朝鮮民主主義人民共和国は、共同声明に従って放棄されるところの、共同声明にいうすべての核計画（使用済燃料棒から抽出されたプルトニウムを含む。）の一覧表について、五者と協議する。

３．朝鮮民主主義人民共和国とアメリカ合衆国は、未解決の二者間の問題を解決し、完全な外交関係を目指すための二者間の協議を開始する。アメリカ合衆国は、朝鮮民主主義人民共和国のテロ支援国家指定を解除する作業を開始するとともに、朝鮮民主主義人民共和国に対する対敵通商法の適用を終了する作業を進める。

４．朝鮮民主主義人民共和国と日本国は、平壌宣言に従って、不幸な過去を清算し懸案事項を解決することを基礎として、国交を正常化するための措置をとるため、二者間の協議を開始する。

５．六者は、二〇〇五年九月一九日の共同声明のセクション1及び3を想起し、朝鮮民主主義人民共和国に対する経済、エネルギー及び人道支援について協力することで一致した。この点に関し、六者は、初期の段階における朝鮮民主主義人民共和国に対する緊急エネルギー支援の提供について一致した。五万トンの重油に相当する緊急エネルギー支援の最初の輸送は、今後六〇日以内に開始される。

六者は、上記の初期段階の措置が今後六〇日以内に実施されること及びこの目標に向かって調整された措置をとることで一致した。

Ⅲ．六者は、初期段階の措置を実施するため、及び、共同声明を完全に実施することを目的として、次の作業部会を設置することで一致した。

1．朝鮮半島の非核化

2．米朝国交正常化

3．日朝国交正常化

4．経済及びエネルギー協力

5．北東アジアの平和及び安全のメカニズム

作業部会は、それぞれの分野における共同声明の実施のための具体的な計画を協議し、策定する。

❖六カ国協議「合意文書」初期段階の措置

作業部会は、六者の首席代表者会合に対し、作業の進捗につき報告を行う。原則として、ある作業部会における作業の進捗は、他の作業部会における作業の進捗に影響を及ぼしてはならない。五つの作業部会で策定された諸計画は、全体として、かつ、調整された方法で実施される。

　六者は、すべての作業部会が今後三〇日以内に会合を開催することで一致した。

Ⅳ．初期段階の措置の段階及び次の段階（朝鮮民主主義人民共和国によるすべての核計画についての完全な申告の提出並びに黒鉛減速炉及び再処理工場を含むすべての既存の核施設の無能力化を含む。）の期間中、朝鮮民主主義人民共和国に対して、一〇〇万トンの重油に相当する規模を限度とする経済、エネルギー及び人道支援（五万トンの重油に相当する最初の輸送を含む。）が提供される。

　上記の支援の具体的な態様は、経済及びエネルギー協力のための作業部会における協議及び適切な評価を通じて決定される。

Ⅴ．初期段階の措置が実施された後、六者は、共同声明の実施を確認し、北東アジア地域における安全保障面での協力を促進するための方法及び手段を探究することを目的として、速やかに閣僚会議を開催する。

Ⅵ．六者は、相互信頼を高めるために積極的な措置をとることを再確認するとともに、北東アジア地域の永続的な平和と安定のための共同の努力を行う。直接の当事者は、適当な話合いの場で、朝鮮半島における恒久的な平和体制について協議する。

Ⅶ．六者は、作業部会からの報告を聴取し、次の段階のための措置を協議するため、第六回六者会合を二〇〇七年三月一九日に開催することで一致した。

日朝平壌宣言

小泉純一郎日本国総理大臣と金正日朝鮮民主主義人民共和国国防委員長は、二〇〇二年九月一七日、平壌で出会い会談を行った。

両首脳は、日朝間の不幸な過去を清算し、懸案事項を解決し、実りある政治、経済、文化的関係を樹立することが、双方の基本利益に合致するとともに、地域の平和と安定に大きく寄与するものとなるとの共通の認識を確認した。

1．双方は、この宣言に示された精神及び基本原則に従い、国交正常化を早期に実現させるため、あらゆる努力を傾注することとし、そのために二〇〇二年一〇月中に日朝国交正常化交渉を再開することとした。

双方は、相互の信頼関係に基づき、国交正常化の実現に至る過程においても、日朝間に存在する諸問題に誠意をもって取り組む強い決意を表明した。

2．日本側は、過去の植民地支配によって、朝鮮の人々に多大の損害と苦痛を与えたという歴史の事実を謙虚に受け止め、痛切な反省と心からのお詫びの気持ちを表明した。

双方は、日本側が朝鮮民主主義人民共和国側に対して、国交正常化の後、双方が適切と考える期間にわたり、無償資金協力、低金利の長期借款供与及び国際機関を通じた人道主義的支援等の経済協力を実施し、また、民間経済活動を支援する見地から国際協力銀行等による融資、信用供与等が実施されることが、この宣言の精神に合致するとの基本認識の下、国交正常化交渉において、経済協力の具体的な規模と内容を誠実に協議することとした。

双方は、国交正常化を実現するにあたっては、一九四五年八月一五日以前に生じた事由に基づく両国及びその国民のすべての財産及び請求権を相互に放棄するとの基本原則に従い、国交正常化交渉においてこれを具体的に協議することとした。

双方は、在日朝鮮人の地位に関する問題及び文化財の問題については、国交正常化交渉において誠実に協議することとした。

3．双方は、国際法を遵守し、互いの安全を脅かす行動をとらないことを確認した。また、日本国民の生命と安全にかかわる懸案問題については、朝鮮民主主義人民共和国側は、日朝が不正常な関係にある中で生じたこのような遺憾な問題が今後再び生じることがないよう適切な措置をとることを確認した。

4．双方は、北東アジア地域の平和と安定を維持、強化するため、互いに協力していくことを確認した。

双方は、この地域の関係各国の間に、相互の信頼に基づく協力関係が構築されることの重要性を確認するとともに、この地域の関係国間の関係が正常化されるにつれ、地域の信頼醸成を図るための枠組みを整備していくことが重要であるとの認識を一にした。

双方は、朝鮮半島の核問題の包括的な解決のため、関連するすべての国際的合意を遵守することを確認した。また、双方は、核問題及びミサイル問題を含む安全保障上の諸問題に関し、関係諸国間の対話を促進し、問題解決を図ることの必要性を確認した。

朝鮮民主主義人民共和国側は、この宣言の精神に従い、ミサイル発射のモラトリアムを二〇〇三年以降も更に延長していく意向を表明した。

双方は、安全保障にかかわる問題について協議を行っていくこととした。

日本国総理大臣　小泉　純一郎

朝鮮民主主義人民共和国
国防委員会委員長　金　正日

二〇〇二年九月　七日　平壌

あとがき

自衛隊が発足してから半世紀がたつ。その間、自衛隊は他国の兵士を一人たりとも殺さず、自らもまた一人の犠牲者も出さなかった。よく指摘されることである。

だが、どうしてそんなことができたのか、何が自衛隊員を「守った」のかについては、あまり語られることはない。「憲法9条があったからだ」というのはそのとおりだが、実際に自衛隊の行動を規制していたのは、9条を源流として生まれた自衛隊法以下の法律だった。

冷戦が終わった一九九〇年以降、イラクのクウェート侵攻により始まった湾岸危機をきっかけに、自衛隊の海外出動をうながす動きが一挙に強まった。政府自民党はそのための法案を用意する。当然、国会で大問題となった。自衛隊の海外出動を禁止した参議院決議もあったからだ。

一九五四（昭和29）年6月2日、防衛二法（自衛隊法と防衛庁設置法）が参議院を通ったその日、参議院は「自衛隊の海外出動を為《な》さざることに関する決議」を採択した。「現行憲法の条章と、わが国民の熾烈《しれつ》なる平和愛好精神に照らし、海外出動はこれを行わないことを、茲《ここ》に更《あらた》めて確認する」という決議だった。以後三五年間、米軍などとの演習・訓練は別として、自衛隊が任務をもって海外に出ることはなかった。

その後、一九九一年4月、海上自衛隊・掃海部隊のペルシャ湾派遣を皮切りに、翌九二年6月に成立したPKO法により自衛隊の海外出動が常態化してゆく。さらに九九年には、今度はPKOではなく、日本周辺の公海に出て、戦闘中の米軍の「後方地域支援」を受け持つ周辺事態法を制定、二〇〇一年に米国で同時多発テロが起こるとただちにテロ特措法を制定、米軍支援のためインド洋へ自衛艦を派遣し、つづいてイラク戦争ではイラク特措法を制定して延べ五千人をこえる陸上自衛隊員と航空自衛隊の輸送部隊を、全土が「戦場」と化したイラクへ送った。

こうして、数多くの自衛隊員が海外へ出て行ったが、出先で自衛隊が銃火を交えることはなく、したがって他国の兵士を倒すことも、自らが銃弾に倒れることもなかった。理由は、自衛隊法以下の法律によって、自衛隊の「武力行使」はきびしく抑制され、その「武器使用」はきびしく制限されていたからである。

この「武力行使の抑制」と「武器使用の制限」を合わせて、私は本書で「武力行使抑制の法体系」と呼んでみた。

源流は、憲法9条である。特に「戦力不保持」の9条2項についての「解釈」から、自衛隊の定義――「自衛のための必要最小限度の実力組織」が導き出され、この規定が自衛隊法以下の法律をつらぬいて日本独自の「武力行使抑制の法体系」を生み出した。

イラクに派遣された陸上自衛隊員の多くは、遺書を残していったという。しかし彼らは、全員がぶじ帰還できた。理由は、イラクに着いた彼らの行動を「武力行使抑制の法体系」ががんじがらめとも言えるほど固く規制していたからである。

ところがいま、この「武力行使抑制の法体系」が根底から突き崩されようとしている。その先頭に立っているのが、ほかならぬ安倍首相であり、既成の法体系を叩き壊すハンマーとして持ち出されたのが「集団的自衛権」である。

まさか、と思う人は、安倍首相の「私的諮問機関」として設置された、いわゆる「有識者懇談会」の正式名称を確かめていただくとよい。それは「安全保障の法的基盤の再構築に関する懇談会」となっている。マスコミでは安倍首相が示した四類型などから、たんにケーススタディを行う懇談会のように軽くとらえている向きもあるが、実際は法律を作り直すための〝理論武装グループ〟なのである。そしてそこで「再構築」の対象とされている「法的基盤」こそが、私の言う「武力行使抑制の法体系」なのである。

この「武力行使抑制の法体系」を突き崩して、普通の国の普通の軍隊として必要に応じて武力を行使できるようにするのか、それとも、武力不行使の原則を守ってこれまで通り「非戦」をつらぬくのか、いま日本国民が迫られているのはその選択にほかならない。

そしてこの「法的基盤の再構築」の口実として使われているのが、またしても北朝鮮である。安倍首相が挙げた四類型の一つ、日本の上空をアメリカに向かって飛んでゆくミサイルを自衛隊のミサイル防衛システムで撃ち落とせるかどうか、という設問からも、それがわかる。日本の上空を通過してアメリカに向かうのは、北朝鮮のミサイル以外に考えられないからだ。

思えば、冷戦の終結によりソ連という仮想敵が消滅したあと、新たに作り出された仮想敵が北朝鮮だった。現在、この国の安保・防衛政策の基本方針を定めた「防衛計画の大綱」において二大戦略目標となっているのは、海自と空自による「ミサイル防衛」と、陸自の「対ゲリラ戦」だが、ミサイル防衛は一九九八年の「テポドン・ショック」、対ゲリラ戦は九九年の「不審船」事件によって生み出された。つまり、どちらも「北朝鮮の脅威」から導き出されたものだ。

そしていままた、「北朝鮮の脅威」を理由に「武力行使抑制の法体系」が突き崩されようとしている。

そのことをどう考えたらいいのか。

「北朝鮮の脅威」が政治的フィクションによって作り出された〝妖怪〟の幻影にすぎないことを、私は本書で六カ国協議の推移を追うことにより明らかにしたつもりだ。それでもなお「北朝鮮の脅威」を言い立てる人には、こう静かに尋ねよう。

――北朝鮮は、何を目的に、いかなる利得を求めて、日本を攻撃してくるのですか？

狭いタコツボ型思考に陥らぬこと、自己中心の独善的判断に陥らぬこと、つまり物事を広い視野で、かつ歴史的に見て判断する「理性」が、とくに歴史の曲がり角にあってどんなに大切であるかは、第二次大戦前の日本の歩んだ道が教えている。その終着点が、日本国民三百十万とアジアの民二千万人の死であった。

「理性」が瀕死の床に横たわっているとき、その枕頭《ちんとう》に立っているのはファシズムである。

二〇〇七年　８月８日

梅田　正己

梅田 正己（うめだ・まさき）

1936年、佐賀県に生まれる。書籍編集者として、教育書をはじめ沖縄問題、安保・防衛問題、核問題、憲法問題、歴史認識・アジア認識の問題、ジャーナリズム問題、現代史への証言などの書籍を編集・出版しながら、自分でも執筆活動を続けてきた。日本ジャーナリスト会議会員。

著書：『変貌する自衛隊と日米同盟』『「非戦の国」が崩れゆく』『有事法制か、平和憲法か』『「市民の時代」の教育を求めて』（以上、高文研）『この国のゆくえ』（岩波ジュニア新書）ほか

「北朝鮮の脅威」と集団的自衛権

●二〇〇七年 九 月 九 日――――第一刷発行

著 者／梅田 正己

発行所／株式会社 高 文 研
東京都千代田区猿楽町二―一―八
三恵ビル（〒一〇一＝〇〇六四）
電話 03＝3295＝3415
振替 00160＝6＝18956
http://www.koubunken.co.jp

組版／株式会社Ｗｅｂ Ｄ（ウェブ・ディー）

印刷・製本／株式会社シナノ

★万一、乱丁・落丁があったときは、送料当方負担でお取りかえいたします。

ISBN978-4-87498-391-1 C0036

「非戦の国」が崩れゆく

梅田 正己著 1,800円

「9・11」以後、有事法の成立を中心に「軍事国家」へと一変したこの国の動きを、変質する自衛隊の状況と合わせ検証。

有事法制か、平和憲法か

梅田正己著 800円

有事法案を市民の目の高さで分析・解説、平和憲法との対置により「改憲」そのものにほかならないその本質を解き明かす。

同時代への直言

●周辺事態法から有事法制まで

水島朝穂著 2,200円

9・11テロからイラク戦争、有事法成立に至る激動期、その時点時点の状況を突き刺す発言で編み上げた批判的同時代史！

高嶋教科書裁判が問うたもの

高嶋教科書訴訟を支援する会＝編

2,000円

高嶋教科書訴訟では何が争われ、何が明らかになったのか？ その重要争点を収録、13年におよぶ軌跡をたどった記録！

日本国憲法平和的共存権への道

星野安三郎・古関彰一著 2,000円

「平和的共存権」の提唱者が、世界史の文脈の中で日本国憲法の平和主義の構造を解き明かし、平和憲法への確信を説く。

日本国憲法を国民はどう迎えたか

歴史教育者協議会編 2,500円

新憲法の公布・制定当時の日本の指導層の意識と思想を洗い直すとともに、全国各地の動きと人々の意識を明らかにする。

劇画・日本国憲法の誕生

古関彰一・勝又 進 1,500円

『ガロ』の漫画家・勝又進が、憲法制定史の第一人者の名著をもとに、日本国憲法誕生のドラマをダイナミックに描く！

【資料と解説】世界の中の憲法第九条

歴史教育者協議会編 1,800円

世界史をつらぬく戦争違法化・軍備制限をめざす宣言・条約・憲法を集約、その到達点としての第九条の意味を考える！

国旗・国歌と「こころの自由」

大川隆司著 1,100円

国旗・国歌への「職務命令」による強制は許されるのか。歴史を振り返り、法規範を総点検しその違法性を明らかにする。

「日の丸・君が代」処分

「日の丸・君が代」処分編集委員会＝編 1,400円

思想・良心の自由を踏みにじり、不起立の教師を処分した上、生徒の不起立でも教員を処分。苦悩の教育現場から発信！

日本外交と外務省

◆問われなかった"聖域"

河辺一郎著 1,800円

これまで報道も学者も目をふさいできた日本の外交と外務省のあり方に、気鋭の研究者が真正面から切り込んだ問題作。

「市民の時代」の教育を求めて

●「市民的教養」と「市民的徳性」の教育論

梅田正己著 1,800円

国家主義教育の時代は終わった。21世紀「市民の時代」にふさわしい教育の理念と学校像を、イメージ豊かに構想する！

◎表示価格は本体価格です（このほかに別途、消費税が加算されます）。